玉不琢不成器　人不学不知道

中国文化中有关古代建筑的100个趣味问题

民居卷

李　山 ◎ 主编　孙德刚 ◎ 著

图书在版编目（CIP）数据

中国文化中有关古代建筑的100个趣味问题．民居卷／孙德刚著．— 北京：金城出版社，2012.8（2020.4重印）
（知道吧／李山主编）
ISBN 978-7-5155-0526-8

Ⅰ．①中 Ⅱ．①孙 Ⅲ．①古建筑－民居－中国－普及读物 Ⅳ．①TU-092.2

中国版本图书馆CIP数据核字(2012)第152885号

中国文化中有关古代建筑的100个趣味问题·民居卷

丛书主编	李　山
作　者	孙德刚
责任编辑	杨　超
开　本	710毫米×1000毫米　1/16
印　张	10.5
字　数	100千字
版　次	2012年10月第1版　2020年4月第2次印刷
印　刷	保定市正大印刷有限公司
书　号	ISBN 978-7-5155-0526-8
定　价	29.80元

出版发行	金城出版社 北京朝阳区利泽东二路3号
	邮政编码 100102
发行部	(010)84254364
编辑部	(010)64214534
总编室	(010)64228516
网　址	http://www.jccb.com.cn
电子邮箱	jinchengchuban@163.com
法律顾问	北京市安理律师事务所 18911105819

玉不琢不成器　人不学不知道

序 言

人们常说，知识就是力量。其实也可以说，知识就是趣味。得了知识，把自己变得强壮，固然好，可是人生活若无趣味，恐怕要更糟糕一点。

这本"知道吧"的小书，就是增广趣味的东西。涉及的内容，照学科术语说，是"文化史常识"，就是古老历史中人们衣食住行、吃喝拉撒等方面的掌故、趣闻。这方面汪汪如海，小书也只是攫取其中的一部分，计有服饰、饮食、建筑、交通等若干方面。其他方面，将来还会陆续写出。

这些"文化常识"性的东西，说是古代，其实离我们的生活最近。身上穿的，足下走的，特别是到哪儿去旅游或者外出，眼里看的等等，尽是这方面的事情和问题。就以旅游而言，看山、看水、看大庙。看山水好办，凭感觉；看大庙，看大庙里里外外的一切，就得需要点"学问"了吧？这本小书，或许能帮助你！

还值得跟读者多说几句的，是小书的写法。它是采取的谈天说地的调子来写的，作者是这方面的爱好者和有心人。作为爱好者，说起这方面的事情来心情愉快，文字也轻松活泼，尽量在说出些道道来的同时，也说出点味道来。作为有心人，看了这方面的书，默而知之，分门别类，是积累了好多年才有的东西，另外书中有插图，有小知识"贴士"，总之是力求赏心悦目的。

别看是"文化常识"，实际还有问题尚在继续研究中呢。此书中许多话题，或许还是阶段性的看法。告诉大家"最真理"的东西，不是本书的主要目标。若能引起读者您的兴趣，对一些问题也起了"研究"它一番的兴趣，或者以后对这方面的东西更加留意，那才真让小书作者感到自己做了有益的事儿了呢！

最后敬请读者不吝赐教！

（北京师范大学教授、博士生导师）

目录

特色民居 TE SE MIN JU

51. 徽派建筑中的马头墙与马有关系吗？/002
    "布瓦"是用布做成的吗？
52. 湘西吊起"脚"的楼房会坚固吗？/005
    湘西怎么还有"四合院"？
53. 何为"门当"？何为"户对"？/009
    古时候如何通过"门当"来了解对方"家底"呢？
54. 福建土楼缘何被美国卫星误认为是导弹发射井？/012
    "土楼之王"怎么刊登在邮票之上了？
55. 陕北人为什么要住在"洞"里呢？/016
    建筑也有生、熟之分吗？生土建筑是什么？
56. 江南水乡乌镇的"水阁"是怎么回事？/019
    乌镇"百步一桥"是怎么回事？
57. 平遥古城为什么被称为"龟城"？/022
    清朝中期，平遥古城里有多少家票号？
58. 北京的胡同与蒙古水井有什么关系？/025
    北京城最早的胡同是怎么形成的？
59. "祸起萧墙"里的"萧墙"到底是什么墙？/028
    北海公园里的"铁影壁"真是用铁做的吗？
60. 柔软的海草房能经受住百年的风雨洗礼吗？/031
    建海草房时为什么要"压宝"？
61. 傣族竹楼为什么"金鸡独立"？/034
    干栏式建筑是一种什么建筑类型？
62. 北京四合院与孝道有什么关系？/037
    北京四合院还有多少？
63. 你见过像"牛"形状的村落吗？/040
    宏村为何有"皇宫"？

名园争艳 MING YUAN ZHENG YAN

64. 紫禁城的御花园跑过火车吗？/044
    御花园里的古柏居然能够"封侯"？

1

目录 CONTENTS

65. 圆明园真是被英法联军一把火烧掉了吗？/047
    圆明园长春园的迷宫是欧式的吗？
66. 颐和园等清代皇家建筑的设计者是谁？/050
    颐和园里的"智慧海"是一片海吗？
67. 承德避暑山庄为何有"关外的紫禁城"之称？/053
    承德避暑山庄周围的寺庙是出于什么目的建造的？
68. 南京煦园是怎样以水为主进行布局的？/056
    煦园里的"宝葫芦"是做什么用的？
69. 华清池中的"汤"究竟是指什么？/059
    "七月七日长生殿，夜半无人私语时。"长生殿究竟在哪里？
70. 扬州瘦西湖为何能"园林之盛，甲于天下"？/062
    "框景"艺术是怎么回事？
71. 扬州个园与竹子有什么关系？/065
    济南万竹园是如何融合北方建筑风格的？

72. 拙政园为什么被称为"中国园林之母"？/068
    留园为何能戴上"吴中名园之冠"的大名呢？
73. 苏州狮子林里真有"狮子"吗？/071
    中国园林中的假山水池是受老庄思想的影响吗？
74. 苏州藕园的命名与"藕"有关系吗？/074
    苏州半园中的景物真的都只有"一半"吗？
75. 北方名园"十笏园"只有"十个笏板"那么大吗？/078
    "小园极则"的网师园如何"以少胜多"？
76. "天上仙宫"一般的可园，为何还建有"草堂"呢？/081
    "藏而不露"的余荫山房有着怎样的建筑风格？
77. 西藏罗布林卡为什么被称为"宝贝园林"？/084
    贡觉林卡缘何成为宗教活动的举办地？
78. 沧浪亭仅仅是一座亭子吗？它因何得名？/087
    西湖里的"亭亭亭"是什么意思？

亭台楼阁
TING TAI LOU GE

79. 著名的"兰亭"只是座小小驿亭吗？/090

长沙"爱晚亭"是因诗而得名的吗?

80. "德及枯骨"与周文王的灵台有着怎样的关系?/093
   高达"千尺"的殷商鹿台是如何修建的?

81. 滕王阁居然是一座风水楼,你相信吗?/096
   江西人与万寿宫有何不解之缘?

82. "天下江山第一楼"的黄鹤楼,最初是作为军事堡垒兴建的吗?/099
   搁笔亭是因为李白搁笔弃诗而得名的吗?

83. 为什么羌族人要修建"邛笼"?/102
   羌族人在建造石砌屋时为何还要用到鸡粪?

84. 多灾多难的北京钟鼓楼是如何为百姓报时的?/105
   徐州钟鼓楼为什么被称为"望火楼"?

85. 西安钟楼为何二百年后整体迁移?/108
   你知道中央人民广播电台的新年第一响钟声出自哪里吗?

86. 举世闻名的岳阳楼,前身竟是一座阅兵楼吗?/111
   三醉亭跟八仙之一的吕洞宾有关联吗?

87. 留存千年的天津观音阁是如何躲过强烈地震的?/114
   独乐寺为何要"独乐"呢?它有着怎样的独特布局设计?

88. 藏书万卷的天一阁因何得名?它又是怎样防火的?/118
   最早的皇家藏书阁为什么设置"护城河"?

其他建筑
QI TA JIAN ZHU

89. 华表为什么又被称为"诽谤木"?/122
   天安门前的华表最初并不在现在的位置吗?

90. 岳飞《满江红》中"朝天阙"的"阙"指的是什么?/125
   古代城门的阁楼,是用于居住还是军事?

91. "鱼抬梁"指的是什么?鱼又如何抬得起"梁"呢?/128
   一般柱子都在梁的下面,那么"梁上柱"是怎么回事呢?

92. 能挑起大梁的小小斗栱是如何演变而来的呢?/131
   中国古建筑物各部分是如何连接的?

93. 赵州桥为何有"天下第一桥"之称?/134
   "沪上第一桥"指的是哪座桥?

94. "天下无桥长此桥"说的是哪座古桥?"睡木沉基"指的是什么?/138

目录

泉州洛阳桥的桥墩在海水里是靠贝壳来固定的？

95. 藻井为何以莲花作为其主要装饰内容，它真能压火吗？/141

　　武侠电影中功夫高手飞檐走壁，"飞檐"指的是哪？

96. "卍"是古代建筑常用的装饰符号，它有什么含义？/144

　　清朝皇宫建筑多用黄、红两色，有何含义呢？

97. 西塘古镇的廊棚为什么称为"一落水"？/147

　　廊在我国古建筑中非常常见，世界上最长的长廊是哪个？

98. 古代人进屋前要先跨过门槛儿，"门槛儿"有何寓意？/150

　　古代寻常百姓家的大门为何都是黑色的？

99. 古代建筑中"五脊六兽"是什么意思？/153

　　垂脊灵兽前为何还有一个"领头人"？

100. 牌坊最早的功能是作为祭天而存在的吗？/156

　　牌坊上的图案花纹有何文化内涵和象征意义？

特色民居

TE SE MIN JU

51 徽派建筑中的马头墙与马有关系吗？

徽派建筑①是中国古建筑中最重要的流派之一，而马头墙则是徽派建筑中极具特色的一种建筑造型。那马头墙与马有关系吗？

马头墙，也被称为风火墙、封火墙、防火墙等，指高于两山墙屋面的墙体部分。

关于它的由来，有这样一个历史故事：

明朝弘治年间（1488—1505年），由于徽州的村落民居布局特别紧密，再加上这一地带的房屋建筑多为木质结构，而且由于特殊的地理位置，这里的风比较大，只要一户人家发生火灾，火势马上就会连成一片，殃及周围的上百户居民，往往给百姓造成巨大的损失。不时发生的火灾让徽州的百姓叫苦不迭，可又苦于想不出好的办法防止火势的蔓延，只好每天过着提心吊胆的日子。

当时，徽州的知府叫何歆。作为此地的父母官，他也一直想为这里的百姓做点有用的事情，如何阻止火灾发生时大规模的蔓延就是他最想解决的难题。对此种状况深为忧虑的他，亲自深入民间进行调查研究。通过实地考察，他发现火灾发生的时候，火苗最容易从墙头向外蔓延。于是，他就想：如果把每家的墙头用砖加高一些，不就可以有效地阻

---

① 徽派建筑是中国古代建筑的重要派别之一，流行于包括今天安徽黄山、宣城绩溪、江西婺源等在内的古徽州地区。

▼ 马头墙

止火势的蔓延吗？这个大胆的想法立刻得到了很多人的支持。可是，如此浩大的工程完全由衙门承担将会是一笔巨额的开支，况且闭塞的山城本身就很穷，要衙门拿这样一笔巨款出来也是不可能的。何歆又想了一个办法：筹资于民，也就是让住户自己出资建造，当然，最终得益的也是各家各户。于是，何歆提出每五户人家组成一伍，共同出资建造高出的墙体，并把它作为一项政令在全城强制推行。

政令推行仅仅一个月的时间，徽州城乡就建造起了数千道"火墙"。经过实践的检验，这种建筑能有效地封闭火势，阻止火灾蔓延，因此人们称它为"封火墙"。困扰了人们几百年的火灾问题终于得以有效地解决，广大的徽州百姓不由得为知府的好办法拍手叫好。这个故事讲的便是马头墙的来历。

马头墙的防火作用使得它被迅速推广，同时，居民都喜欢这种造型美观而又实用的建筑，它逐渐演变成当地的一种建筑风格。后来，随着对封火墙防火优越性认识的深入和社会生产力的提高，人们已不满足于"一伍一墙"，逐渐发展为每家每户都建造起独立的封火墙。

▲ 马头墙

因为马是一种民间的吉祥物,自古以来就在劳动人民的心中有着美好的寓意,富有想象力的徽州建筑工匠们在建筑房屋时对封火墙进行了美化装饰,使其造型如高昂的马头,赋予这一静止、呆板的建筑造型别具一格的神韵。聚族而居的村落中,高低起伏的马头墙,给人的视觉上产生一种"万马奔腾"的动感,同时也隐喻着整个宗族生气勃勃,兴旺发达。于是,"粉墙黛瓦"的"马头墙"便成为徽派建筑的重要特征之一。

作为一种极具艺术韵味的建筑造型,马头墙并不是千篇一律的样式。它随着时代的发展,也发生了一系列精美的变化,既显示了工匠们高超的艺术创造力,又表达出人们不同的愿望与追求。

马头墙的墙头都高出于屋顶,就像阶梯一样,脊檐长短随民居的规模大小而变化,有一、二、三、四阶之分,也可以称为一叠式、两叠式、三叠式和四叠式。通常情况下,中等规模的三阶、四阶更常见。较大的民居,马头墙的叠数可达到五叠,即从里到外分为五层,俗称"五岳朝天"。

马头墙随屋面坡度而错落有致,斜坡长度不同,马头墙的规格样式也不一样。根据人们审美需求的变化,"马头"(也被称为"座头")又分为"鹊尾式""印斗式""坐吻式"等等。当然,这些精美的雕刻工艺中也包含了劳动人民对美好生活的追求和向往。

● "布瓦"是用布做成的吗?

在徽派建筑中,除了马头墙颇具特色外,还有一种建筑材料很有意思,它叫做布瓦。布瓦并非真是用布制成的,这不过是其一个通俗的叫法而已。布瓦又被称为"小青瓦",它呈弧形,一般是用黏土手工制作成型,在窑中烧成,成品呈青灰色。因为这种瓦相对于其他类型的瓦来说较为小巧一些,又因为颜色青灰,所以称为是小青瓦,这种瓦的烧制工艺如今已经濒临失传。

特色民居 TE SE MIN JU

52 湘西吊起"脚"的楼房会坚固吗?

在古老而神秘的湘西地区,生活着土家、苗、回、瑶族等少数民族,他们世代劳作,创造了灿烂而富有特色的民族文化。走在这片土地上,你会发现,这里有秀丽的自然风光和纯朴的民风,青山绿水中若隐若现的"吊脚楼"更是给人一种独特的视觉享受。

"吊着脚"的楼房依山傍水而建,上层住人,下层饲养牲畜,既让人远离了潮湿的地面,又使人们避免遭受野兽、蛇虫的侵扰,真是一举

▲ 湘西吊脚楼

两得！在当地，还流传着很多"吊脚楼"由来的有趣故事。

土家人最早生活在山洞里、甚至是大树下，他们世代狩猎、捕鱼，以此维持生计。那时人们的生活相当艰苦，他们不仅常常要忍饥挨饿，还要时时提防一些野兽、毒虫的骚扰。

传说，天上有个张天王，看到土家人的这种生活状况，他感到很忧虑，决心要帮助他们。他想，东海龙王有无数金银财宝，何不到他那里给土家人借一座既可遮风挡雨，又能抵御虫兽的宝殿呢？于是，张天王来到东海龙宫向老龙王说明了来意，龙王其实不想借给他，可是又怕被人笑话小气，犹豫了好久，最后还是勉强答应了。他想，那么重的宫殿，你张天王有再大的本事也搬不动。

谁知，张天王选中一座吊脚三柱二骑①的宫殿，并且轻而易举就把它提了起来。看到这种情况，老龙王心里后悔了，又苦于不好反悔，就连忙对张天王说："用完了可一定要还回来啊！"

张天王提着好不容易借来的宫殿来到土家村寨，让土家人仿照

① 即三根柱子落地，两根柱子悬空。

▼ 湘西吊脚楼

这座宫殿的样子，建起了一座三根柱子落地、两根柱子悬空的吊脚楼房。等过了七天，老龙王来要他的宫殿。

张天王本来就对龙王的小气劲儿看不惯，就想捉弄捉弄他："好，还给你，你自己去搬吧！"张天王提起殿宇顺手就丢在了一条河边，宫殿的两端正好横跨在河的两岸。老龙王一看，知道自己不可能搬得动，就丢下宫殿，怒气冲冲回家了。看到人们总是来来往往从自己的宫殿中过河，老龙王越想越气，他想，即使自己得不到这个宝殿，也不能便宜了那些百姓。于是，他想了一个办法，在每年的雨季让河水猛涨，好把河上的宫殿冲毁。

可是，智慧的土家人不畏惧老龙王的作为，他们发明了一个"斩龙刀"安在了宫殿的下面，老龙王不敢再来肆意妄为了。

从此之后，人们不仅有了结实耐用的楼房居住，还可以方便地过河，这一切都源于这种奇特的"吊脚"楼房。

这是一个美丽的传说，关于"吊脚楼"的真正来历，还要从湘西地区的地理环境说起。湘西地区位于湖南省西北部、云贵高原东侧的武陵山区，地貌差异大，气候变化呈垂直规律，真的可以用"一山有四季，十里不同天"来形容。独特的地理环境及气候条件，决定了这里的人们注定要过着别样的生活。"吊脚楼"就是勤劳的湘西人民巧妙利用当地的地形特点创造出的一种建筑形式，它的正屋一般都依山势而建在实地上，厢房则一面与正屋连接，其余三面悬空，由柱子来支撑，是干栏式建筑的一种，被称为"半干栏式"。这种建筑不仅实用，而且具有极高的审美价值，它历经湘西土地上的风风雨雨，至今仍备受推崇，成为中国传统民居中独具特色的代表，甚至被称为巴楚文化的"活化石"。

傍水依山而建的吊脚楼大都分为上下两层，用木桩撑起，上层比较通风、干燥，可以防潮，用来住人。人们的饮食起居都在这里，设有堂屋和卧室。卧室靠里，保证私密的生活空间；外面是堂屋，一般都会有火塘，家人在此围坐火塘吃饭聊天，或者接待客人。堂屋的另一侧设有一道宽宽的走廊，外面有栏杆，栏杆下有大排的长凳，是人们休息娱乐的地方。楼的下层靠近湿润的土地，只用来饲养牲畜家禽和堆放杂物。

● 湘西怎么还有"四合院"？

湘西的土家族建筑中，"井院式干栏"建筑最为普遍，这类似于北京的四合院。井院是北方窑洞的建筑特色，干栏则是南方人民的居住形式，土家族人将这两种建筑形式相结合，形成了"三合水""四合水"等复杂的建筑形式，结合这两种不同的建筑风格，设计出一种独特的土家民居建筑，类似于四合院。

何为"门当"？
何为"户对"？

古人在选择结婚对象时，一个重要的条件就是"门当户对"，那你知道"门当户对"有着怎样的含义吗？

"门当户对"在《现代汉语词典》中的解释是：旧时指男女双方的社会地位和经济情况相当，结亲很适合。这一名词最早出现在元代王实甫《西厢记》第二本第一折："虽然不是门当户对，也强如陷于贼中。"

大家对这个故事都不陌生。故事的主人公张生和崔莺莺大胆冲破门第的束缚，演绎了一段传奇的爱情故事。

崔莺莺是前朝相国的女儿，身份地位高贵，再加上她容貌娇美，聪明伶俐，诗词、女红无不精通，被家里视作掌上明珠。可是，一个地位如此尊贵的大家小姐，竟然与一个没落官宦家的穷书生产生了炽热的情感，在那个等级制度森严的封建社会里，这可是大逆不道的行为。崔莺莺的母亲不能接受她这样的选择，因为这实在离"门当户对"的标准差得太远。她想尽办法阻止两人交往，害得这一对痴情男女都得了相思病。

▲《西厢记》

最后，崔莺莺的母亲因为拗不过女儿，做出了妥协，她的条件是张生必须金榜题名。最后，张生衣锦归来，和莺莺也得以终成眷属。

我们试想一下，如果张生名落孙山的话，还能成就这样一段曲折的爱情佳话吗？

其实，"门当"和"户对"是两个独立的名词，它们是中国传统民居建筑中大门建筑的重要组成部分。"门当"，是指从前大户人家门前放置的一对石鼓。因为鼓的声音铿锵威严，有雷霆之势，一直以来，就被人们认为有辟邪的功能。于是，很多人就将石鼓置于门前两侧，当做镇宅之物。

"户对"，是门框上方或两侧的砖雕、木雕结构，典型的是圆形短柱的样式，长一尺左右，垂直于门框，和地面平行，都取双数，或两个一对，或四个两对，甚至更多，最早也是起到装饰的作用。在古代，户对的大小和个数往往能够显示这户人

▼ 门当

家的尊贵程度，一般与官品的大小成正比。官职在五品以上一般是六个户对，六品和七品多为四个，八品以下的官职就只能为两个，而普通的大户人家为了表明自己的身份地位，也可以设有两个户对。

中国人传统的美学观念中，和谐的美是一种不可忽视的因素。"门当"和"户对"就成了传统宅院中不可分割的两种建筑造型，有"门当"的宅院，就一定要有"户对"。慢慢地，"门当""户对"就常常放在一起称呼，后来，成了一个整体名词"门当户对"。因为这两者都是家族身份和地位的象征，所以，人们常用"门当户对"来形容结亲的两家人条件相当，适合联姻。

延伸阅读

● 古时候如何通过"门当"来了解对方"家底"呢？

古时候，人们都遵循老祖宗留下的"财不外露"的古训，年轻人结婚往往只是通过媒妁之言，却无法具体了解对方的家庭情况。这个时候"门当"有了作用，很多家庭都派人到对方的门口去观察摆放的"门当"，以便了解对方的家庭情况。如果门口石鼓上面有雕刻的花卉图案，那证明这是一个经商的家庭，一般家底是比较殷实的，如果石鼓上面是素面无花卉图案，则证明这是官宦之家，而如果连石鼓都没有，估计就是平常百姓了。所以，古时候在结婚之前，人们通过"门当"来了解对方的家庭情况，成了一种风俗习惯。

54 福建土楼缘何被美国卫星误认为是导弹发射井？

在福建有一种特殊的民居建筑——土楼，它们点缀在葱郁的绿色中间，被世界教科文组织列入了"中国世界文化遗产名录"。这些样子有些奇怪的圆形建筑是我国民居里的瑰宝，它也向世人展示了华夏民族的聪明才智！

"福建土楼"包括福建省永定县的高北土楼群、洪坑土楼群、初溪土楼群和衍香楼、振福楼，南靖县的田螺坑土楼群、河坑土楼群、和贵楼、怀远楼，华安县的大地土楼群，武夷山的土楼，其主要分布在福建

▼ 永定的土楼

西部和南部崇山峻岭中。因为其结构特殊，福建土楼被外国人称赞为"东方古城堡"。的确，它的规模绝对可以配上"城堡"这个称呼。除居住作用外，福建土楼的确有类似于古城堡的作用——防御。旧时兵荒马乱，土楼可以抵御土匪的袭击，这也算是它的战略意义了。说到战略作用，土楼还有一个特别有意思的故事呢。

20世纪80年代，美国军用侦察卫星在经过中国大陆时拍摄到了一组照片，他们立即把照片送到了当时的美国总统里根手上。里根看到这组照片的画面，发现在青山绿水中间赫然立着几个类似于核导弹发射井一样的东西。这让里根后背直冒冷汗，中国这是要干什么？另外有几幅照片更为清晰，四个"发射井"围着一个方形的建筑，那是不是导弹控制中心？

带着一连串的问号，里根拨打了中情局的电话。很快，真实情况被查明，特工也为里根总统带来了近距离的照片。这些被误认为是核导弹发射井的建筑物，原来是一种古老的民居——福建土楼。四个"发射井"和"控制中心"是被当地人称为"四菜一汤"的土楼建筑群。这些传统建筑让世界第一大国虚惊了一场。

这个故事也说明福建土楼不同于我国的其他地方的民居形式，它气势宏大，尤其是成群的土楼更是非常壮观。

面对如此壮观的土楼，我们不禁会问，这样大规模的建筑，究竟是谁建造的呢？如此多的人、财、物是如何来的呢？

的确，建造土楼需要耗费大量的人力、物力、财力，所以对于普通人来说，修建一个土楼是奢望，一般土楼的建造者都是由富户牵头、投入大量资金才能动工。

土楼的结构奇特、种类繁多、规模宏大、功能齐全，又称为"生土楼"。大多数都是客家人建造的，主要分布在我国的闽西和闽西南一带。土楼种类主要有四种：圆形土楼、方形土楼、府第式土楼、混合式土楼。

土楼之所以又称为"生土楼"，是因为土楼建筑的主要材料是生土，另外加入了石灰、细沙、糯米饭、红糖、竹片等材料，经过多道复杂的工序建造而成。土楼的楼顶则是用火烧瓦来遮风挡雨，这些瓦虽然历经百年风雨，但却依然坚固耐用。很多土楼的高度大约是四五层楼那么高，一个家族的人能三四代人一起居住。

除了建筑材料上的特别外，它的功用也很有特点。据说，永定的环极楼在一次七级大地震中居然没有倒塌，只是裂了二十厘米的口子。但是，过了一段时间，神奇的事情发生了——之前裂开的口子又慢慢愈合了，这不得不说是一个建筑史上的奇迹。

正因为如此，很多国外的学者对这项建筑发出了衷心地赞叹，美国哈佛大学建筑设计师克劳得说："土楼是客家人大胆、别具一格的力作，它闪烁着客家人的智慧，常常使我激动不已"。

土楼中的圆楼诞生于战火之中，它也是永定客家土楼中最出名的一

▼ 永定圆形土楼内景

种。为了求得自身安全,圆楼在建造时就倾注了很高的防御倾向。首先,用大小不等的石块打地基,保证地基牢靠,然后用生土和红糖水、石灰一起夯筑厚土墙,另外在墙体内配上竹片,其作用等同于现在的钢筋,使得墙体厚而结实,如同现在的钢筋混凝土堡垒一样。1931年,国民党军队曾攻打过土楼,连大炮都用上了,土楼却毫发无损,只留下了一些脸盆大小的坑,可见其坚固。另外,土楼的一、二层不设窗,二层往上才有窗户,这些设计都是为了防御敌人。由此可见,土楼建造者的匠心所在。

土楼,是中国民居建筑中的一朵奇葩。它闪烁着客家人的聪明智慧,它的这种民居建筑方式体现了客家人聚族而居的民俗风情。

● "土楼之王"怎么刊登在邮票之上了?

邮票是国家的名片,在我国1986年发行的一套民居邮票中,就有一张印制了福建的土楼,选取的这座土楼是承启楼,这座土楼被称为"土楼之王"。整座承启楼建造耗时达半个世纪,直径达到了七十三米,周长是一千九百一十五米,占地面积为五万三千三百七十六点一七平方米,是我国土楼中比较大的一座。在承启楼内部,最为珍贵的一样东西是楠木寿屏,这是乾隆十九年(1754年)朝中的官员们作为寿礼赠送而来的。

陕北人为什么要住在"洞"里呢?

黄土高原上有一种特殊的居住形式——窑洞。冬暖夏凉的窑洞深受当地居民的欢迎。那么,这里的人们为什么要住在"洞"里呢?这里面有一个古老的传说。

相传在战国时期,黄土高原上闹匪患,统治者派了一位将军带领自己的部队前去剿灭。将军带着一千多人来到这里,发现匪徒的兵力非常强大,十倍于自己。但将军却并无惧色,与敌人展开了激战。结果,将军打了败仗,死伤百余人,而匪徒却伤亡很少。将军一边撤退一边思考歼敌策略,他们一直退到了一座山顶上。

这时,将军手下的一个士兵想出了一个因地制宜的好主意——他们利用地形优势,挖出一个大洞,又利用挖出来的土做了一个土墙。这样做成了一处掩体,等敌人进攻的时候,将士们把土墙推倒,全体冲出去杀敌人一个措手不及。将军采纳了这个方法,果真取得了胜利,将土匪们打得落花流水。将军乘胜追击,彻底扫平了匪患。后来,人们发现将

▼ 窑洞近景

特色民居
TE SE MIN JU

▲ 窑洞与民居、河流构成了一幅画卷

军下令挖出的大洞竟然可以住人，而且黄土高原的土层非常适合窑洞的挖掘，住在里面也相当舒适。因此，这种经济实用的居住形式开始广泛传播，随着不断改进，逐渐发展成了后来的窑洞。

其实，早在《山海经》中就有关于窑洞的记载，在考古学家的考证过程中也发现：四千多年以前，我们华夏民族的祖先就已经开始"挖穴而居"了。在黄土高原上，至今仍然有很多人居住在窑洞里，据有关部门统计，窑洞中的住民大概有四千万人。现在居住环境比古代有了巨大的改观，为什么还有那么多人钟情窑洞、选择住在"洞"里呢？

窑洞是华夏祖先不断探索和实践的智慧结晶。因为高原上的黄土有其独特的优势——土质较黏，不容易坍塌，所以窑洞主要建在黄土高原上。另外，窑洞的建造不需要什么建筑材料，而是依地势而建，沿着地平线往里挖，工程相对简单，且不用太多费用，对于生活在黄土高原山区上的很多人来说，这是最简单、最经济的居所。

窑洞里非常宽敞，西北人民建造的窑洞一般是宽、高为三点三米，也有一些高达四米，宽则因情况而定，深度可达到七八米，最深的窑洞能达到二十米，洞口全部都是朝阳的，这是为了窑洞中有充足的光照。

窑洞外面用半米左右的土墙与外界隔开，中间做上窗子和门，一个较为简单的窑洞便成了。窑洞中的温度常年保持在十几度，相对湿度也保持在百分之三十到七十五之间，这是相当适合人居住的。另外，由于与外界隔开的土墙有半米厚，起到了冬天保温、夏天隔热的作用，使得窑洞中冬暖夏凉，这或许是如今的人们没有舍弃窑洞的主要原因吧。

当然，窑洞也有缺点。由于窑洞中光照不足，再加上黄土土质的问题，窑洞中常常比较潮湿，洞内的家具都不能贴墙摆放，不然容易腐烂。粮食虽然容易储存，但也必须做好充足的防潮准备，必须放在较高的架子上，远离地面。到了雨季，窑洞内会更潮湿，由于通风效果差，往往会使人感到比较憋闷。

上面介绍的是最为简单的土窑，窑洞还有很多其他的种类。在洞口用石头垒砌进行加固，这是更为高级的石窑，如果用砖头做，便是砖窑了。这些都是人们在不断探索中对窑洞的改进，这些改进的窑洞比原来简单的土窑更为坚固、美观。

现今的窑洞已经不仅仅是老百姓居住的住所了，它被新时代赋予了更多新的意义。陕北延安、榆林两地的窑洞被载入《吉尼斯世界纪录大全》，而窑洞技术也被很多新的科技应用，甚至被科学家用到了航天技术上。

窑洞，这个古老而又先进的民居形式，依然在发挥着它的光和热。

● 建筑也有生、熟之分吗？生土建筑是什么？

陕西的窑洞在建筑上是属于生土建筑，那么，建筑也有生熟之分吗？生土建筑指的是什么呢？

其实，生土建筑指的就是使用的建筑原料土没有经过焙烧，而是直接采用的大自然的土壤。生土建筑是人类最早采用的建筑方式，很多古代历史文化遗迹都是生土建筑。相对于其他类型，生土建筑取材方便，造价低廉，自然环保，是一种对大自然破坏较小的建筑方式。

56 江南水乡乌镇的"水阁"是怎么回事？

说起江南水乡，大家一定不陌生，"小桥流水人家"的水乡风情，就像一个悠远的梦境萦绕在我们的心头，令人难以割舍。乌镇就是这样一个荡漾在小桥流水中的古朴小镇。

古语说："君到姑苏①见，人家尽枕河。"乌镇就是如此，它和大多数江南水乡小镇一样，所有的街道、民居都依河而建，街道与水道相间，街道之间有桥连接，而水道之间则是穿梭不息的乌篷船。然而，沿河的民居却有些不同，房子的一部分竟然是延伸到河面之上的，下面有木桩或者是石柱支撑在河床上，上面架以横梁，再盖上木板，这种特殊的水中建筑就是乌镇特有的"水阁"。

那么，最早的"水阁"是怎么造出来的呢？这还要从传说中的一场官司谈起。

从前，乌镇有一家门面很小的豆腐店，店里只能放下一架石磨和一口泡黄豆的水缸。于是，豆腐店的老板一直盘算着要将店面扩大一些。为此，他认真考察了自己豆腐店周围的环境。他发现，店的前面是大街，无法伸展，而左右都是别人家的店铺，要想扩展

①姑苏，即苏州。

▲ 乌镇的水阁

是不可能。经过再三思量，他决定往后边的河面上发展。说干就干，豆腐店老板找了几个邻居帮忙，在店后的河床上打进几根木桩，再架上横梁，横梁上钉上几块木板。就这样，没几天工夫，一个水中的小阁楼造好了。豆腐店老板把一些杂物放到阁楼里，前面的店堂只用来磨豆子、卖豆腐，这样一改造让豆腐店狭小的空间宽敞了不少。

周围的人看到豆腐倌造出的"水阁"非常实用，就互相转告、议论，一时间，小镇里传得沸沸扬扬。很快，镇上的官差来了。原来，衙门老爷对豆腐倌这种"目无法纪"的行为非常气愤，限令他三天之内将水阁拆除。面对气势汹汹的官差，没见过大世面的豆腐倌吓得不知所措，等回过神来，才想起找人帮忙出主意。

最后，他想到镇上有个贫困潦倒的秀才有点学问，就去找他商量对策。这个张秀才虽然穷，但是性格豪爽，为人正直。他听了豆腐倌的遭遇，也非常气愤，决心一定要帮他讨一个公道回来。于是，他就给豆腐倌写了张纸条，让他上堂时呈给衙门里的老爷看。

▼乌镇的建筑古朴独特，别具风韵

三天之后，官差果然来问罪了。到了大堂上，衙门老爷满脸怒色地责问为什么不拆除水阁，豆腐倌壮着胆子拿出了秀才给他写的纸条。

孰料，老爷看了纸条之后竟然面红耳赤，半天说不出话来。原来，这位官老爷为了自己方便，在衙门前本来就狭窄的河面上建了一道石帮岸，使这一带的河域只能单只船通过。相比之下，豆腐倌建"水阁"的水面却是非常宽敞，可以让五只船只并行无阻。这位官老爷才是侵占河面的始作俑者啊！那位秀才写的纸条正是："民占官河，五船并行；官占官河，两船难行。谁碍交通？老爷自明。"官老爷自然无话可说了，只好放了豆腐倌。

自此之后，"水阁"这种建筑样式在乌镇流行起来，逐渐成了小镇上一道独特的风景。

现在我们穿行于古老的小镇中，仍然可以见到很多依托河面而建的水阁。人们在这里过着悠闲的生活，于水阁中看眼前的小桥流水，静听岁月流逝的声音。那些临窗梳妆的江南女子，宛若从历史中走来，带着婉约柔美的气息，让人忍不住频频回眸。

有了水阁，乌镇的人们有了更多与水亲近的理由，他们在水阁中或辛勤劳作，或凭窗远眺，一动一静间都体现出纯朴悠远的韵味。水赋予了乌镇人更多的灵气，而人则是水面上最美的风景。

如果有机会来到乌镇，一定不要忘了到"水阁"中坐一坐，走一走，或者，什么也不做，只是静静地聆听从你脚底下缓缓流淌的水声……

● 乌镇"百步一桥"是怎么回事？

说到乌镇，自然不能不提这里的桥。和所有的水乡小镇一样，桥也是这里的人们出行时重要的途径。乌镇桥的数量最多的时候有一百二十座之多，真可谓"百步一桥"，由于年久失修或者历史的原因，很多古桥早已湮没在岁月的烟云中。现在的乌镇仅存三十九座桥，然而，这样的桥梁数目也是江南六大古镇之首了。

乌镇的桥不仅数量众多，而且特色分明，这一点，单从它们的名字上可以窥见一斑，比如说"放生桥""定升桥""卖鱼桥""浮澜桥""官桥"等等，每一座桥都是一个故事。不仅名字特别，这里的桥的样式也很多，有的是平顶，有的是弧顶，有的拱是方形的，而有的拱则是半圆形的。最奇特的要数仁济桥和通济桥了，这两座桥呈直角形相交，从哪一座桥的拱中都可以看到另一座桥，形成了"桥中桥"的景观，给人一种奇妙的视觉享受。

57 平遥古城为什么被称为"龟城"?

美国的华尔街是美国乃至整个世界的金融中心,许多超级跨国金融公司的总部就设在那里,许多商业巨子也是从那里开始了梦想的征程。可是,你知道吗?在我国的山西地区,也有一座古老的城市,在明清时期,这里也汇集了无数的商店、票号,尤其是在城市的南大街,当时竟然控制着全国百分之五十以上的金融机构,被称为"中国的华尔街"。

平遥古城距今已经有两千七百多年的历史,仍然较好地保留着明清时期县城的基本风貌,它是中国境内保存最为完整的一座古代县城。古城高大的城墙两端各有两道较为矮小的城墙,被称为"女儿墙"。关于它的来历,宋代的《营造法式》[①]一书中有这样的解释:"言其卑小。比之于城,若女子与丈夫也。"这几句话的意思很简单,就是说平遥的城墙墙体高大而坚固,像伟岸的丈夫,而其上的矮墙与此相比,显得矮小单薄,就像是一个需要呵护的弱小女子。然而在民间,却流传着这样一个感人的故事。

① 《营造法式》是北宋官方颁布的一部建筑设计、施工的范书。

▼ 平遥城全貌

最初的时候,古城的城墙上并没有修建现在的女儿墙。有一天,一个年老体弱的老人被征夫来修建古城。他有一个相依为命的小孙女。为了照顾爷爷,小孙女天天跟着爷爷到建筑工地。小女孩闲着无聊,就坐在旁边看匠人们做活。为了能尽快完成工期，监工要求这些匠人们不能有丝毫懈怠，强迫他们夜以继日地修墙，大家都是敢怒不敢言。

有一次，一个工匠累得头脑不清醒了，竟然昏昏沉沉地向城墙边走去。在旁边看着工匠们干活的小女孩看到这样的情景，生怕工匠掉下城墙，急忙跑到墙边阻拦这个工匠。谁知道，小女孩本想一把将民工拉到一边，但是因为太着急，却不幸掉下城墙摔死了。

老人十分悲痛，工友们也很伤心。为了纪念这个有爱心的小女孩，匠人们就在高大的墙体上修建了一道矮小的边墙，并给它取了一个好听的名字：女儿墙。

虽然这只是一个传说，但却道出了女儿墙的一个功能——保护性功能。从此以后，人们把建筑中的保护墙都叫做"女儿墙"。

美丽的传说增添了平遥古城的古韵。同时，也增添了它的文化内涵。平遥有六道城门，南、北各有一个，东、西各有两个。从空中俯瞰古城，它犹如一只巨龟，南门和北门好比"龟"的头和尾，东、西方向

▲ 平遥古城的独特建筑

的四个城门如它的四只脚。古城的上西门、下西门、上东门的城门都是向南开的,好像是"龟"爪向前行进;而下东门的外城门却径直向东开,好像将"龟"的这条腿拴了起来,传说是造城时为了防止"乌龟"爬走,匠人们把它的左腿拉直、拴在了远处的麓台上。

在中国传统文化中,乌龟是长生的象征,自古以来就代表"长寿健康",在中国人心目中有着极高的精神寓意,平遥古城的建造者们希望自己的城池能够永远坚固、强盛,居于其中的人们也能永远长寿安康。于是,他们就将自己的这些美好的愿望通过城市的建设布局体现出来。这不仅给后人留下了一座充满神秘色彩的城市,更留下了一笔宝贵的精神、物质财富。

● 清朝中期,平遥古城里有多少家票号?

历史上,中国的票号共出现了五十一家,仅山西就占了四十三家,其中有二十二家在平遥古城,这些票号还在全国各地设立了四百多家分号,可以说是商业足迹遍及全国。中国历史上的第一家票号——日升昌就是在这里创立的。日升昌在清道光三年(1823年)左右成立,它的前身是西裕成颜料铺,它的东家李大全数代经商,积累了大量的资本,为了商业流通的方便,创立了"日升昌"票号,号称"天下第一""汇通天下"。

除日升昌之外,平遥城里还有蔚泰厚票号、天成亨票号、协同庆票号、百川通票号、乾盛亨票号、谦吉升票号、蔚长厚票号、其昌德票号、宝丰隆票号等几家著名的票号,为中国的银行业发展做出了卓越的贡献。

特色民居

58 北京的胡同与蒙古水井有什么关系？

胡同是北京文化的一个重要的代表。很多人到了北京，常常会去著名的皇家建筑紫禁城游览；会去繁华的王府井大街购物，去感受那里的商业气息；还会去看看很多著名的皇家园林……北京的胡同虽没有那么阔气的名字，但是一直是游览者割舍不了的一个必去之地。因为名字很乡土的胡同里有着独具韵味的生活以及北京城厚重的历史积淀。

①元杂剧，作者为李好古。

"胡同"这一名词的由来一直是有争议的。它最早出现在元代杂曲中，如在关汉卿所写的著名杂剧《单刀会》中有"杀出一条血胡同来"一语；还有《沙门岛张生煮海》①一剧中，张羽问梅香："你家住哪里？"梅香答："我家住砖塔儿胡同。"这里提到的"砖塔儿胡同"至今仍然存在，而且名字也一直沿用。

明代的沈榜在《宛署杂记》一书中提到："胡同本元人语。"意思是沈榜认为"胡同"一词应该是从蒙古语演化而来的。有的学者通过进一步研究，提出胡同是从蒙古语"忽洞格"一词演变来的。在蒙古语中，"忽洞格"是水井的意思。蒙古族作为一个游牧

▲ 北京胡同

025

民族，非常重视水资源，所以，元大都在建设时"因井而成巷"，每一条胡同里基本上都有一口水井。由此也产生了一些现代汉语比较难以解释的胡同名字，如屎壳郎胡同，汉语听起来很难听，但在蒙古语中其实是"甜水井"的意思；还有一个"墨河胡同"，它的蒙古语意思是"有味儿的井"；还有著名的帽儿胡同，它的蒙古语意思是"坏井、破井"……这些胡同的名字在汉语中很难理解，可是用蒙古语一解释就变得合情合理了，这也足以说明，胡同一词与蒙古人的水井有着很深的渊源。

▼北京胡同建筑

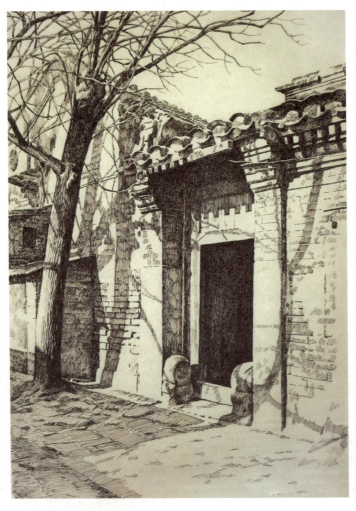

胡同是与北京的四合院相伴而生的，方正规整的四合院一户户紧密排列，从而形成了一条条胡同，最终组成了古老的北京城。总体看来，城里东西向的胡同多于南北向的胡同。这样的规划可不是随意为之的，而是当时的统治者们汲取历代帝都的建筑经验而设计的——既继承了传统城市建造的优点，又有自己的创新。

作为建筑的衍生品，胡同是人们生活、娱乐的重要场所。然而，它也承载着北京城里普通老百姓的喜怒哀乐、悲欢离合，也记录下了时代的更替和历史的变迁，成为老北京文化的代名词。北京的胡同虽然看起来差不多，但每条胡同其实都有自己的故事，也都有自己的历史。

这里讲一个明代的权臣严嵩与胡同的有趣故事。

作为一代权臣，严嵩的生活可谓是穷奢极欲，甚至他住的府院的阴沟里每天流出来的都是白花花的大米，一年下来，无以计数。然而，他的奢靡最终被皇帝发现了。皇帝把他贬黜朝廷，并给了他一只银碗，让他拿着去要饭。

有一天，饥肠辘辘的严嵩来到一条胡同里，正好有人从院门里扔出了一堆白薯皮，他抓起来就装在了碗里。正巧，这时来了一个衙役，认出了这位昔日作威作福的宰相，就故意喊道："这不是相爷吗？"

严嵩一听，碗也不要了，一溜烟儿跑掉了，从这以后，人们就把这条胡同叫做"一溜儿胡同"。

当然，这个故事只是为了表达人们对欺压百姓的权贵们的深切憎恶。从这个故事中，或许可以窥见胡同里所蕴含的深厚历史、文化的一斑吧。

● 北京城最早的胡同是怎么形成的？

北京城自古以来就是皇家的风水宝地，历史上有很多朝代在此建都，元朝是其中之一。当时的统治者定都北京之后，封爵封地，按照官职的大小给予贵族官僚们一定的土地。这些王公贵族们在自己的封地内建起了房子。当时的元大都城里逐渐出现了成排的房子和一座座院落。为了采光、通风和交通的方便，排与排之间留下了细窄的通道，从而形成了最早的胡同。

"祸起萧墙"里的"萧墙"到底是什么墙?

"祸起萧墙"这一典故出自《论语·季氏》:(孔子说)"吾恐季孙之忧,不在颛臾[①],而在萧墙之内也。"。你知道这里的"萧墙"指的是什么吗?

其实,萧墙就是我们常见的影壁,也叫照壁,是中国传统建筑中用来遮挡视线的墙壁,也是中国传统民居中一个很有特色的建筑形式。

影壁通常都是建在院落进门的地方或者是大门的外侧,那么,人们为什么在大门内外建造这样的墙壁呢?原来,这和古代传统思想有关。古人往往认为,自己的住宅中会经常有鬼魂来访,如果来的是孤魂野鬼,就会给自己带来灾祸,所以,古人在一进门的地方建起一面墙壁,如果鬼来了看到墙的影子,就会被吓跑。实际上,影壁墙确实可以遮挡

[①] 颛臾,音zhuān yú,古国名。春秋时为鲁国的附属,后被秦所灭。

▼ 影壁墙

▲ 影壁

视线，能够很好地保护人们的隐私。

关于影壁墙，有一个有趣的故事：

相传，有一个技术超群的泥巴匠，叫王得财，他不仅手艺好，而且很孝顺，当地人盖房子时，都会去找他。一次，他去给一户姓赵的人家盖房子，可是，吃饭时他发现，虽然每顿饭都有鸡鸭鱼肉，却从没看见过鸡腿。王得财心中有些生气——这家主人真是小气，光拿鸡骨头招待自己，肉多的都留下了。于是，他就想整蛊一下这家人。盖房子时，他悄悄在脊缝里放了一个手推小车的泥巴人，为的是让这家人受穷。可令他没有想到的是，新房完工时，主人家不仅给了他工钱，还另外拿出了一个装满腌制鸡腿的瓷坛，让他带回家孝敬老母亲！

原来，这些鸡腿是主人家用心留下来的。王得财见此情景真是后悔不迭，可是又不能当着主人的面把那个小人扒出来，于是脑筋一转，用剩下的砖块在大门和二门之间垒了一面影壁墙，这样一来，小车就推不出大门，主人家也不会破财了。由于这面墙建得非常美观，而且还能遮挡门户，当地的很多人就效仿起来，渐渐地，家家都建起了这样的影壁墙。

但是，古代也不是所有的人都可以在家里建影壁。影壁最早只是达官贵人府第的专属品，而且，根据官职大小和富贵程度的不同，影壁的样式的和墙壁上所雕刻的图案也是不同的。这种限制异常严格，越级或者越制的话甚至是会掉脑袋。只是，由于影壁有其实用价值，这样的限制被慢慢放宽，最后，普通的人家也可以设置了。

但是，平民百姓家的影壁还是和贵族官僚们有很大不同。一般来说，普通百姓家的影壁图案比较简单，以素雅为主；而有钱有势的人家却可以极尽奢华，甚至会用一些珍贵的玉石、金银材料装饰品。

建筑影壁的材料主要有砖、瓦、石头、木料和琉璃等种类。它一般由壁座、壁身、壁顶三部分组成，其中，壁身是最重要的部分，也叫影壁心，人们往往在这上面绘画或雕刻上精美的图案，以莲花、牡丹、松竹梅等居多；还有的将整面的影壁雕成一幅完整的画面，内容也离不开花卉、松鹤等吉祥图案。人们往往借这些意象的美好寓意来表达对未来生活的期望。

经过数百年的发展，影壁成了传统民居建筑中一道闪亮的风景，既给人们带来了美好的视觉享受，也为中华传统文化增添了浓墨重彩的一笔！

● 北海公园里的"铁影壁"真是用铁做的吗？

北京北海公园里有一座富有传奇色彩的影壁——"铁影壁"。它最早是建在元代的一座古庙前，因为外观呈现像生铁一样的褐红色，而且质地又非常坚硬，人们就把它称作"铁影壁"。其实，这座影壁并不是真的用铁建成的。

这座影壁可谓命运多舛：它最初立于元代北京健德门一座古庙前。明朝初年，这座影壁被搬到德胜门内护国德胜庵的门前。后来又被移到了北海，但是，移到北海时，影壁的底座并没有被一起搬迁。直至1986年，底座才被重新找到，与铁影壁合为一处。直到这时，人们才知道，原来这座影壁是用整块的中型火山块砾岩雕刻而成的，整个壁身上宽下窄，造型十分独特。

特色民居

60 柔软的海草房能经受住百年的风雨洗礼吗？

在胶东地区，有这样一种房子，高高的屋脊上覆盖着厚厚的海草，使得房屋线条柔和而质朴，再加上用大块的石头砌成的墙，远远望去，就像童话世界里神秘的小城堡。这就是世界上独一无二的民居——海草房。

人们为什么要将柔软的海草铺到房顶上呢？这要从海草房所处的地理位置说起。

胶东地区处在渤海、黄海沿岸，属温带大陆性季风气候，夏季潮湿多雨，冬季格外寒冷，在这种特殊的地理位置和气候条件下，为了隔雨防潮，同时也为了冬天保暖，当地居民发现晒干的海草可以防寒保暖，还可以遮风挡雨。于是，人们把海草捞起，晾晒干，把它们铺到房顶上，这样的房子居然可以冬暖夏凉。海草的这种特性是胶东渔民们在长期的生活中积累起来的经验，这也是他们聪明才智的表现。

这些用来覆盖房子的海草是有一定要求的，它们必须是生长在水深五到十米处海洋中的大叶海苔等野生藻类。这种海草刚打捞上来时都是翠绿的颜色，晒干后就会变成紫褐色。它们有很强的柔韧性。根据当地人们的经验，不同季节的海草，它们的质地也是不一样的。一般来说，春季和冬季的

▲ 海草房

海草比夏季、秋季的海草要好用得多，同时，老的比新的好。在波涛汹涌的海洋里生长着茂盛的海草，一旦遇上大风大浪，无数的海草就会被冲上岸来，每到这个时候，人们就来到海边打捞，带回家后将它们晾干，待盖房时使用，经济又实用。海草房除了使用海草外，还要掺上山草、麦秸等，这样做的目的主要是为了保证良好的透气性和坚韧性。

那么，人们怎么把松软的草铺上房顶的呢？这就涉及建造海草房过程中一个关键步骤——苫^①海草，也叫"苫房"。苫海草是一项技术要求很高的建筑工艺。苫房的原理跟建瓦房时安瓦片的技术异曲同工，只不过瓦房上码的是瓦片，而苫房是将海草由下而上一层一层地码好。苫海草最厚的地方竟然有四米，以此计算，建造一座海草房要用五百公斤的海草呢！这也真可以称得上是世界奇迹了。更妙的是，技艺高超的工匠苫出来的海草房上丝毫看不出海草拼接的痕迹，而且疏密、厚薄均

①苫，音shàn，意为"遮盖"。

▼ 海草房

匀，不易漏水，可以供主人长时间居住。所以，在当地这些技术好的工匠也是很受欢迎的。

海草房的屋脊也是很有特点的：大部分是两面的，也有少数三面的。这些屋脊的角度都很小，主要是为了能顺利地排走夏天的雨水和冬天积雪融化的雪水。这样，既能减轻雨雪对房子的冲击力，又能最大限度地保护房顶的海草。有的房子会在海草上拢上一张渔网，为的是防止海边的大风将它们吹走。

这种海草房不仅外表看起来朴素美观，而且还是名副其实的生态居所，在现在这个资源紧缺的时代，海草房带给人们深刻的启示。

● 建海草房时为什么要"压宝"？

海草房在选址时是很讲究的，因为沿海风大，首先要避开的就是风头，而且地基要选在坚硬的岩石上，这样才能保证房子的坚固。地基选好后，下一步就要选择一个吉日来动工，以免冲撞了神灵。在砌墙基时，人们通常要"压宝"，就是在地基槽的四个角上放上元宝或者是象征元宝的东西，来求得日后富裕安康。在"压宝"的这一天，按照世代留下来的习俗，还要煮上一锅热气腾腾的饺子，因为饺子形如元宝，也能表达出人们追求吉祥美满的愿望。等房子建好后，还要举行一系列的庆祝和祭祀仪式。所有的活动，都充满浓郁的胶东风情，是纯朴的劳动人民热爱生活的最好体现。

61. 傣族竹楼为什么"金鸡独立"？

在少数民族聚居的云南，每个民族都有自己的生活居住习惯，西双版纳地区的傣族就是一个代表。掩映在翠林绿水间的竹楼是傣族人居住、生活的地方。

关于傣族竹楼，有一个有趣的故事。

上古时代，傣族人没有固定的居所，晚上只能栖息在丛林里或者是爬到树上。有一个非常聪明的年轻人叫帕雅桑目蒂。他对这种生活状况非常不满意，决定为人们建造一个可以正常居住、休息的房子。他终日冥思苦想，翻山越岭寻找合适的建筑材料，最后他发现满山的竹子可以作为建房的原材料。于是，他开始带着工具爬到山上挑选优质的竹材，砍伐下来以后，搭出各种样式，他不断建了又拆，拆了又建，始终没有能完整地搭出来一座房子。

▼ 云南景洪傣族民居竹楼

特色民居

▲ 傣族竹楼

　　有一天，下起了大雨，帕雅桑目蒂看到狗躺在地上，雨水顺着狗的毛发落到地上，但狗的身子上却并没有留下水。他灵光一闪，先建造出了一个狗头窝棚。此时，天王神被他的执着精神感动了，变成一只凤凰来帮助他。首先，天神通过不停扇动翅膀，启发帕雅桑目蒂房子要建造成人字形；然后天王神摇头晃尾启发他要把周围都挡死，这样才能遮风挡雨；最后，天王神又高脚站立，告诉帕雅桑目蒂房子必须要建成上下两层的楼房。最终，聪明的帕雅桑目蒂明白了天王神的意思，建造出了一座酷似"金鸡独立"的傣族竹楼。这样的竹楼不仅造型美观，而且非常实用，造福了一方人民。

　　帕雅桑目蒂成了傣族竹楼的创造者，他也成了傣族人的化身。之所以说竹楼是"金鸡独立"，是因为竹楼是用柱子支撑起来的，且分上下两层。

　　帕雅桑目蒂之所以能造出竹楼，是因为他选择了合适的材料，又得到了启发。事实上，傣族竹楼的真正创造者——傣族人民也是在长期生产、生活中发现了竹子的特性，从而根据居住地的实际情况设计、建造了精美的房子。

在云南的西双版纳，生长着品种繁多、质量上乘的竹子，采集起来非常方便。竹楼的梁、柱、墙板、楼梯都是用竹子做成的，而一些小的部件如：篾钉、楔子也都是用竹子加工成的。

从建筑造型上看，傣族竹楼是干栏式建筑，一般是上下两层——上层住人，下层架空。由于云南潮湿多雨，下层架空一是可以防潮、散热，二来可以趋避野兽，三是架空的地方还可以饲养一些牲畜、堆放一些杂物，非常方便。这样的设计跟吊脚楼有些相像。下层有楼梯通向上层，上层空间近似于一个方形，分为前廊、晾台、堂屋和卧室。到了上层，首先进入的是前廊，这里较为宽敞，光线很好，是主人会客和日常活动的地方，相当于客厅。连接着外面的有一个晾台，主要用于晾晒衣服。走过前廊，往里走就到了堂屋和卧室。卧室供主人休息使用，堂屋里有火塘，是做饭、吃饭的地方。

由于地处亚热带，而且多雨，所以竹楼多采用歇山屋顶，屋脊较短，顶坡非常陡，四周建偏厦，变成了多重屋檐，这样做的目的是防止烈日暴晒，从而降低屋内的温度，起到防暑降温的作用。这样，竹楼内部就能始终阴凉，也使得建筑风格颇为简约，不那么臃肿。

傣族竹楼是傣族人民无限智慧的结晶，参观过傣族竹楼的人，无不赞叹它是中国古代建筑的杰作！

延伸阅读

● 干栏式建筑是一种什么建筑类型？

傣族竹楼属于干栏式建筑，这种干栏式建筑主要指的是在地面上，用柱子支撑起的高出地面的房屋。干栏式建筑的主要功能是防潮，最早在河姆渡文化、马家浜文化中都曾出现过干栏式建筑。它的主要优点是由柱子架起高于地面建造房屋，减少了在地面上打地基的程序，只要有空地便可直接建造。另外，干栏式建筑主要出现在我国的南方，也是因地制宜解决了一些南方气候带来的降温、通风问题。所以说，这也是一种地域式建筑。

TE SE MIN JU
特色民居

62 北京四合院与孝道有什么关系？

除了故宫、长城、胡同等，北京城还有一个颇具北方民族特色的建筑让世人赞叹，那就是北京四合院。据说2008年北京奥运会的时候，世界首富比尔·盖茨曾经花一亿元在水立方对面的盘古大观租了个空中四合院专门看奥运会呢。

说到四合院，它的历史可是源远流长。作为北方的一种常见民居建筑形式，一开始它并不是今天我们看到的这个样子，它也经过了漫长的演进过程。北方四合院中，比较有名且具有显著特点的就是北京四合院了。

早在民国时期，北京四合院已价格不菲。著名文学家鲁迅先生在北京曾经购得四合院，并且居住了一段时间。1919年，鲁迅先生在北京任教，为了家人都能够来北京居住，他和自己的弟弟周作人合伙买了一座四合院，位置在新街口八道湾十一号。这是一座三进的大院子，一共花了兄弟俩三千六百七十五块钱。到了1924年，鲁迅先生又一次出手买下了位于阜成门内西三条的一套四合院，这次花了不到一千块钱。当时鲁迅先生作为名校教授的月薪大约是三百块钱。

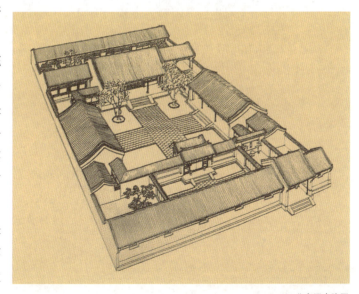

▲ 北京四合院图

知道吧
中国文化中有关**古代建筑**的100个趣味问题

北京四合院有着独特的历史和魅力。追溯它的历史，它是随着元大都的大街小巷大规模成群出现的。四合院早在西周时期已具雏形，经过历朝历代的发展，成为最常见的民居形式，在辽代已经初具规模。忽必烈从上都迁到元大都，随同而来的，还有许多高官富户和平民百姓，每家在朝廷分给的土地上修建新宅，北京四合院因而大规模出现，并形成独具特色的北方风格，成为中国四大民居之中最具味道、最具美感的一种。

北京四合院，规模有大小之别，总体格局基本相似，总不过是以正房、东西厢房、檐廊、回廊、院墙和门相连接而成的四面封闭的独立空间。房屋各自独立，以墙和廊曲回连接，中间院落疏朗幽静，庭院内紫藤遮阴，暗香浮动，一家人黄昏树下喝茶闲话，古人的悠闲时光尽在一庭随风摇曳的凉荫里。

▼ 三进院落的四合院

普通人家的四合院只有一重院落，富有一点的人家有两三进院落，巨富之家深宅大院，一重重的院门锁起来金银财宝无数，老管家夜晚挑着灯笼从里到外再从外到里巡查两圈，累得气喘吁吁。一座复杂的宅院，通常由几重四合院组合而成，加上宽阔庭院里面的假山怪石草木，精心修饰的后花园，俨然一座小型园林。

北京四合院两进院居多，院内房屋的分配有严格的等级尊卑观念，正房开间最大，是最尊贵的房间，居住者辈分最高，体现中华孝为先的传统。东西厢房侧立在院子两边，是晚辈的住房，东厢房为尊，西厢房次之，重尊卑贵贱的封建等级制度也常常体现在房屋的分配上。

四合院是一个相对密闭的空间，除了院门与外界相连以外，四周都被高高的院墙围着。一家人居住在这里，和和睦睦，这也体现出了中国人的伦理道德和家庭观念。

● 北京四合院还有多少？

随着北京现代化城市建设的加速，北京很多四合院被拆除，现在已经不多了。《日下旧闻考》中引元人诗云："云开间阖三千丈，雾暗楼台百万家。"这诗中的"百万家"就是指的四合院，可见当时四合院的数量非常之多。而北京城内的旧城改造计划使得很多四合院被拆除，目前仅剩下总面积约有三百万平方米，北京四合院保有量现在有两万余座。历史上被拆除的著名四合院有：1998年拆除康有为的粤东新馆，2000年拆除赵紫宸故居，2004年拆除孟端胡同四十五号的清代果郡王府，2005年拆除曹雪芹故居，2006年拆除唐绍仪故居……

知道吧

中国文化中有关**古代建筑**的100个趣味问题

63 你见过像"牛"形状的村落吗?

安徽黄山脚下,有一座著名的村落——宏村,这个村子的巧妙布局让它声名在外。跟其他地方的村庄不同的是,它的布局像一头牛——牛角、牛身、牛肚样样俱全。宏村不光是布局独特,而且周围环境宜人。整个村庄依山傍水,被人盛赞为"中国画里的乡村",联合国的专家也称赞它为"举世无双的小城镇水街景观"。那么,究竟为何这座村庄要设计成这样的布局呢?村子里的民居又有怎样的特点?

宏村是我国古村落的杰出代表。据记载,宏村最早的布局并不是现在这个样子。古代人很相信风水。明朝永乐年间,当时宏村的七十六世祖得知有一位比较厉害的风水先生,便决定请他来看一看宏村的风水。于是,风水先生"何可达"来到了宏村。何可达考察了宏村的地理后,告诉村民,这里的地理是一头卧牛,村子的建设应该顺势而为,改造成牛的样式。经过族人的讨论,村民们相信了风水先生的指点,将村子重新布局,经过了很多年,"牛"村落慢慢建成了。

▼ 宏村内的建筑

当时,宏村的改造充分利用了自然条件。村子中的天然泉水被挖掘成了一个月塘,这是牛的"胃"。宏村西边的吉阳河水被引入了村,在村子里绕来绕去,并穿月塘而出,这便形成了"牛"肠。村边的山成了牛头,村西的虞山溪上建了四座桥,成为"牛脚"。整

特色民居
TE SE MIN JU

▲ 徽州宏村民居

个牛身则是宏村居民的居所。这样，经过一百三十多年的建设，整个"牛"村终于形成了规模。

宏村的整个布局离不开对水的合理利用——引泉水流经全村，整个村庄的居民家前面都有清泉流过，无论是生活还是农业用水都无比方便，难怪专家评价宏村是人文景观、自然景观相得益彰，是世界上少有的、有详细规划的古代村落。

当然，除了村庄规划以外，宏村内的建筑也别有风韵，比较出名的有：承志堂、敬德堂、树人堂、桃园居等。每一个建筑除了本身所具有的徽派建筑特点以外，又都有着自己独特的建筑风格。房屋上的木雕、斗栱、花门、窗棂，每一处都细致入微，让人过目难忘。在宏村的建筑中穿梭，犹如步入了艺术画廊，感受中国传统文化博大深邃的同时，又让艺术渲染整个身心，不得不说是一种心灵的享受。

这里的每座古建筑都是一段历史，那古朴的文化气息和建筑特色让来到宏村的人都流连忘返。层层的马头墙，流水间的一座座古房屋，如南湖书院里的书香一样雅致而又朴实……走在宏村里面,人们感受到的是"小桥流水人家"的味道。

宏村的建筑和布局,是我国劳动人民智慧的体现,整个村落如同一整头卧牛,形象逼真,而居住在村子里面的百姓,则时时刻刻享受着这种布局带来的便利,而且建筑经历了几百年的风霜,仍然屹立不倒,也是一种让人赞叹的奇迹。

● 宏村为何有"皇宫"?

宏村建筑中,承志堂建筑格外引人注目。承志堂建于一百五十多年前的咸丰年间(1851—1861年),是当地大盐商汪定贵的私人住宅,这里被称为"民间皇宫"。一个村子里,居然能出现皇宫一样的建筑,可见其气势不凡。

承志堂作为整个宏村中最大的建筑群,占地达两千一百平方米,里面有九个天井,房间有六十多间。在承志堂中,各种功能性房间应有尽有,除了主人用的房间和客人用的客房,还有专门供吸食鸦片用的"吞云轩",供打麻将用的"推山阁",而后院还有供人游玩的后花园。整座建筑用了一百三十六根木柱,而木柱上都雕刻了精美的木雕,造型精美,刻画精细。

名园争艳

MING YUAN ZHENG YAN

64 紫禁城的御花园跑过火车吗?

在明清两代皇帝的紫禁城里,有一个专供皇帝和后妃们娱乐的皇家园林——御花园。作为皇家专用的园林,它的建设可谓不计成本、精益求精。整个御花园景观别致、精美,设计也体现着中国园林设计的最高水平。

▼ 紫禁城御花园内的堆秀山和御景亭

如今,御花园天一门西侧甬道上有一组火车开进皇家花园的图画,那么,这个古朴典雅、庄重肃穆的皇家园林里真的跑过"火车"吗?

据传,"火车"跑进御花园事件发生在清朝末年,当时是慈禧太后掌握朝政,一手遮天。慈禧虽然疏于朝政,但却是一个十足的时尚女人。当时新鲜的东西她一样也没错过——电话、汽车、电灯等等。1881年,唐胥铁路修成后,李鸿章为了说服慈禧同意修建铁路,想出了一个办法——进贡一套火车设备给慈禧,先让她尝尝甜头,然后再申请修建铁路。

于是,皇宫里头趁着西

苑三海扩建的契机,于1886年开始修建西苑铁路,长度大约有三华里,路程是从中海到北海。虽然是短短几华里的路程,却造就了中国第一条皇家专用铁路的历史。

铁路修成以后,慈禧太后兴趣大增,每天坐着火车往返于仪鸾殿和北海镜清斋之间,欣赏着沿途皇宫里的风景。

▲ 御花园的火车图

尝到甜头的慈禧其实并没有真的在御花园修建铁路,至于御花园里甬道上的"火车出行图"是出于何种目的、在什么时间建的,至今还是一个有待进一步考证的谜。

紫禁城里的御花园,位置在故宫中轴线的最北端,是明朝永乐十八年(1420年)开始修建的,十八年之后才最终修建完成,后世又对它进行了多次修整。明朝这里叫做"宫后苑",到了清朝才正式定名为"御花园"。

御花园占地面积达一万一千平方米,整个园子南北长八十米,东西为一百四十米,园里的建设布局采取的是一种左右对称的形式,以坐落在故宫中轴线上的钦安殿为中心,各种建筑依次排开,错落有致,无论是亭台楼阁,还是水池假山,都合理地被安排在并不是很大的空间里,倒是显得紧凑而又不失华贵。

除钦安殿外，御花园里的建筑还有二十多处，它们都是以钦安殿为中心，两边自然分散布局而来的。虽然规整，但却并不呆板，园内各种绿色植物都是郁郁葱葱，一片生机，这些建筑掩映在一片翠绿中间，倒是更有一番风韵。

另外，因为是皇家园林，御花园用全天下最好的材料进行建造，同时遍植罕见的植物，安放了天下奇石……园中的古树现存有一百六十余株，盆景及奇石等将整个园子装点得格外精致。

紫禁城中的御花园，虽然没有南方私家园林的秀气，但却呈现出了皇家园林的华贵与雍容，的确可以让观者体会出皇家和私家园林的不同。

● 御花园里的古柏居然能够"封侯"？

在北京故宫御花园里，有一棵古柏非常有名，它就是被乾隆皇帝封侯的"遮荫侯"，那么为什么一棵柏树会得此殊荣呢？这棵树，在现如今的堆秀山的东侧，高七米多，树围有零点九米，虽然它既不是最高，也不是最老的一棵，但名气却是最大的。

据说，有一年乾隆皇帝下江南，天气非常炎热，很多随从都是汗流浃背，唯独乾隆皇帝感觉凉爽惬意。回宫后，皇帝一行人来到御花园游玩，一个太监指着此树裹告乾隆说："此树，皇帝一走它就枯萎，皇帝回来便立刻茂盛起来。"乾隆联系自己的经历，心中一喜，便封了此树为"遮荫侯"。并为其题写碑记，而碑就立在树旁边的摛藻堂的西墙上。

圆明园真是被英法联军一把火烧掉了吗？

英法联军火烧圆明园的耻辱是令无数国人永远无法平复的痛。圆明园是中国历史上最著名的园林，有着"万园之园"的美誉。

众所周知，1860年，圆明园遭遇了一场史无前例的浩劫，英法联军闯入了这座豪华的皇家园林，对它进行了肆无忌惮地抢劫和破坏。然而，圆明园的毁灭并不仅仅是因为当时的英法联军制造的浩劫，背后还有更多的原因。

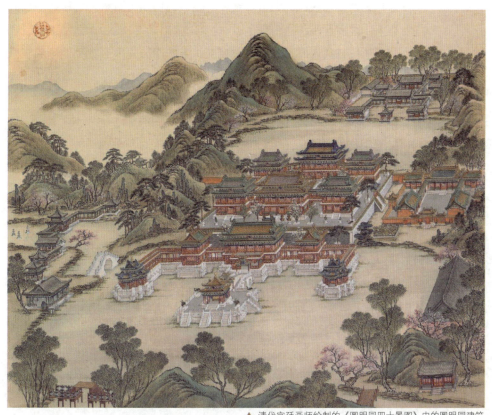

▲ 清代宫廷画师绘制的《圆明园四十景图》中的圆明园建筑

1870年，有一位德国人拍下了西洋楼景区的十二幅照片，照片显示"虽惨遭破坏，依然楚楚动人"，这时的圆明园可以说是仍然非常壮美。

后来，圆明园再遭重创。英法联军洗劫之后，其后四十年间盗贼频频光顾圆明园，他们将里面值钱的东西尽数盗走，但这个时候的建筑和布局大体安好。

1900年，八国联军打入北京。因政府颓废，圆明园根本没有人看管，很多人开始趁火打劫，圆明园内的木桥、古木等都被破坏殆尽——大的做了木料，小的直接变成了木柴。即使这样，整体建筑，如大水法、西洋楼等依然矗立在那里。

到了辛亥革命时期，圆明园又一次被大肆破坏，建筑物也被毁坏了，很多建筑材料被拆掉，当做了其他建筑的建筑原料。1929年，张学良为其父亲修建陵园的时候，还用了很多圆明园的石料。在这样多重的毁坏下，很多著名建筑消失了。

到了抗日战争时期，很多农民又进入圆明园园区垦荒种地，圆明园的湖水景观也随之消失。从此，整个圆明园随历史远去。

▼ 圆明园长春园图（版画）

在近一百年的时间里，圆明园数度遭劫，变成了破败之地。当年，这座名园的修建和完善大概也用了一百五十多年的时间。

今天的残迹依然彰显着圆明园的宏大。圆明园繁盛时期，它的占地面积达到了五千二百亩，被称为"万园之园""一切造园艺术的典范""人间天堂"，是一座兼有园林和宫廷双重功能的皇家园林。园内的建筑不仅仅是北方园林建筑，还融合了中国南方私家园林的建设手法，甚至结合了当时欧洲的巴洛克艺术，可谓是一部园林艺术的教科书。

圆明园的整个布局是一个反过来的"品"字，它是由圆明园、长春园、万春园构成的，中间是福海。圆明园集合了当时中国南北方的能工巧匠。设计、建造者按照地形规划，建造了假山和水系，按照"园中有园"的设计思路将各种形式的美景集合在一起，修建了各种桥梁一百多座，园林景区达到了一百四十多处，而那些亭、台、楼、阁、廊、馆、殿等更是数不胜数，总共达到了十六万平方米，这个面积比故宫还要大很多。

圆明园的园林建造，是一种大集合的形式，融合了当时能够接收到的园林艺术，里面建筑的设计和布局，都是一种庞然大气的皇家气派。园林的功能设置也是颇为齐全，包括皇帝工作之所、休息之所、藏书之所，以及祭祀之所等等。可以说，圆明园是园林艺术的一个集大成者。

延伸阅读

● 圆明园长春园的迷宫是欧式的吗？

长春园内的迷宫是仿欧式迷宫修建的。在外看是一座近似方形小城，四周由花砖围起，墙约一人半近两人高，内部是用同样高的砖墙横竖分隔而成的均宽窄道，曲折相连，入口和出口均有一个，内部却留出无数的路口供人选择行走。园内中心建有小亭子供观看，另有碧花楼和后花园两处建筑。

66 颐和园等清代皇家建筑的设计者是谁？

颐和园是著名的皇家园林，也是我国四大名园之一。这座皇家园林可谓名声显赫，它是我国现存规模最大、保存最完整的园林。另外，这座园林中竟然四分之三都是由水构成，与万寿山一起，山水相间，山绿与水绿相互映照。它融合了我国所有的传统造园艺术，可谓是"园上园"。

颐和园主体由万寿山和昆明湖组成。它原名"清漪园"，始建于清乾隆帝十五年（1750年），但是在1860年随圆明园一起被烧毁。后来，慈禧太后又于1886年挪用海军军费重新建造，并于1888年正式改名"颐和园"。

颐和园的设计灵感来自清朝御用设计家族——雷氏家族。不仅仅颐和园，清王朝的大型皇家园林和宫殿陵园几乎都出自这个具有创意天才的家族。作为御用设计师的雷氏家族是从雷发达开始起家的。雷发达精熟于建筑工艺，在清初通过应聘当上了皇家建筑工匠。雷发达刻苦求教老一辈建筑工匠，天资聪颖的他很快掌握了皇家建筑繁杂的技艺。同时，头脑灵活的雷发达非常善于创新，逐渐获得了声望，后来他成了大清设计总监。雷发达的发达机会其实纯属偶然。

重建紫禁城的时候，宫殿中必用的大金丝楠木紧缺，在定好的太和殿上梁典礼的吉日前几天，仍没有找到合适的木材。上梁典礼在古代是很隆重的事情，通常皇帝是要亲自参加的。无奈

▼ 远看颐和园

名园争艳

▲ 壮观俊美的十七孔桥

之下，监工的大臣商议决定把明朝陵园建筑中的楠木梁运来替代。上梁①的日子很快就到了，康熙皇帝前来参加典礼，负责合梁的通常是高级建筑师。他爬上梁架按位置把房架中最粗最高的大梁架到梁柱上，其他梁柱早以固定成型。然而，这次上梁有点麻烦，负责架梁的师傅在上面忙活了半天，有一个榫卯怎么也合不上。在皇帝和众大臣的注视下，这个师傅已经脑袋冒汗了。监造宫殿营建的总工程师情急之下把当时技艺已经很高的雷发达找来。雷发达是第一次见到这么大的场面，但是他很沉着，几斧下去，梁柱榫卯严丝合缝地架好了。

之后，雷发达步步高升，他从来没让皇帝失望过，也从来没有放弃对建筑设计、建筑布局、建筑程序做深入研究，以设计总监的身份设计圆明园之后，清朝的大型工程设计都由雷氏家族负责。雷发达之前，各朝代都是以画图的方式进行工程设计，雷发达却用按一定比例制成的模型来进行建筑设计，这些仿真模型在清代称为"烫样"，因以草纸板热压而得名。之所以现代建筑师能了解已经烧毁的圆明园等的布局和建筑结构，留存的雷氏图纸和雷式烫样功不可没。

建筑设计图纸，最早出现于战国时期中山王陵墓中的《兆域图》，之后各朝设计图纸逐渐完善，以不同侧面结构图来表现建筑的整体结构，宋朝的《营造法式》成为设计施工的标准。雷发达独创的建筑烫样传给子孙后代，其子孙一脉相承，均为烫样高手，因而被冠以"样式

①上梁是传统建筑仪式，目的是希望未来住房吉利。

雷"美誉。雷发达晚年退休后撰写的《工部工程做法则例》《工程营造录》是继《营造法式》之后的重要建筑专著。

颐和园也是雷发达的后代用烫样的方式创意而成的，他们先精心制作出园内需要修建的单体建筑的小模型，以便让工匠们知道单体建筑的具体构造，在不断地摆弄这些单体建筑的同时，园区的整体布局已经了然于胸中，整座颐和园的综合模型也烫制完成。

颐和园总面积达到了二百九十四公顷，其中水面就占了四分之三。园林内的建筑达到了三千多间，共有七万多平方米，园林内部建筑采用了中国多种传统的造园艺术。比如在万寿山北麓，仿照西藏寺院的风格，建造了四大部洲建筑群，这些建筑均雄伟庄严。北麓山脚下，昆明湖水又随山势变成了河流，就在这样的先天地理条件下，又仿照江南地区的园林建筑风格，建造了万寿买卖铺面街。水与建筑相互映衬，倒是像真的来到江南小镇了。紧挨着的谐趣园，更是园如其名，里面亭台楼榭，让人流连忘返，这可真是："一亭一径，足谐奇趣"。

颐和园的建筑，借着万寿山和昆明湖的自然山水景色，很好地融入了中国各种传统造园风格，不仅显现了皇室园林的恢宏大气，也将江南地区园林的秀丽精美有机结合进来。

● 颐和园里的"智慧海"是一片海吗？

智慧海在颐和园的万寿山顶部，它虽然叫做智慧海，但并不是真海，而是一处宗教建筑。它是一座两层砖结构的佛殿，因为没有梁，所以也称为无梁殿。整座建筑顶端全部是由拱券结构组成，建筑外层是用颜色鲜艳的琉璃瓦组成。因其建筑在万寿山顶端，赞誉佛法无边，所以起名"智慧海"。1860年的一场大火未能烧毁智慧海，其原因是智慧海全部为砖石结构，没有一点木料，所以躲过一劫。

名园争艳

67 承德避暑山庄为何有"关外的紫禁城"之称?

承德避暑山庄,是历经康乾盛世近九十年时间建成的一处皇家园林。当时正是清朝国势最强盛的时期,除中间雍正皇帝停建了十几年,康熙和乾隆时期都集结了众多的能工巧匠,进行大规模修建。由于皇帝每年都会来避暑山庄度假,并且还在此处理政事,因此,这里也被称为"热河行宫"。避暑山庄在其建设中仿照了紫禁城的布局,整个建筑大器、庄重,而又不失娱乐休闲的作用,是清代皇家园林的经典之作。有关避暑山庄里的建筑,里面也有很多小故事,烟雨楼的故事便是其中之一。

避暑山庄为清代皇帝避暑之地。这里四季分明,由于地理位置的原因,夏天并不炎热,所以每到夏季,皇帝都会来到这里。乾隆皇帝则是一定会到烟雨楼,烟雨楼的建成有一个美丽的传说。

据说,避暑山庄一开始并没有烟雨楼。有一次,乾隆来到避暑山庄游湖,午后在游船上小憩一下,梦中来到一个月亮门里,看到一位貌若天仙的美女在凭栏远眺,乾隆看呆了。而这个奇怪的梦乾隆竟然连着梦到七

▲ 避暑山庄全景

天，所以他很想见到这位梦中美女。乾隆给她起名吉拉，也就是满语中"非常美丽"的意思。

乾隆回到北京后，想到梦中的景色似是江南，于是再次下江南去寻找吉拉。事情也巧，在无意中，乾隆来到了一家绣庄，看到一幅作品上竟然绣着自己梦中看到的月亮门，便即刻邀请绣这幅作品的姑娘相见。这一见不得了，还真是自己梦中的美女，而且名字也一样，就叫吉拉，于是乾隆便把她带回了宫。每年乾隆去避暑山庄的时候都要带上吉拉，并给她专门修建了一座宫殿，取名"烟雨楼"。

承德避暑山庄坐落在一处山谷中间，占地达到五百八十四公顷，主要分为两个部分，一个是宫殿区，一个是苑景区。它的布局完全仿照了紫禁城的样子，因此这里如同关外的又一个"紫禁城"。

承德避暑山庄内的整体结构是一个前宫后苑的构造，宫殿区位于山庄的最南面，是一组近似于北方民居的建筑群。它的主要宫殿的材料都

▼ 避暑山庄主殿

是取自南方的名贵木材，布局和装饰虽然仿照紫禁城，但却是别有一番风味。其包括四个建筑群，分别是：正宫、松鹤斋、东宫、万壑松风。正宫是建筑的主体部分，这里是皇帝办公、处理朝政的地方，是一个九进院落的布局，里面的建筑则是简朴但却更具天然野趣；松鹤斋是一处七进院落，古朴幽静；万壑松风则是按照江南的风格建造，曲曲折折，错落布置；东宫于1945年因失火被烧毁，现仅存基址。

承德避暑山庄最大的特点是园中有山，山中有园，是人工与自然有机地融合在一起。山庄在选址的时候就考虑到了气候和地理的因素。建造时，建造师们将园林和自然合理结合，山与园林、水与园林，最终达到和谐统一。同时，园林在建造的时候，也吸取了自唐以来的优秀建筑传统，使得整个园林更加合理自然。承德避暑山庄的另外一个建筑特点：它是我国帝王园林和寺庙建筑结合的一个典范，园林四周有我国最大的寺庙建筑群。

"自然天成就地势，不待人力假虚设"，避暑山庄美在天然，胜于天成。

● 承德避暑山庄周围的寺庙是出于什么目的建造的？

承德避暑山庄之外，有十二座风格各异的寺庙，它们都是承德避暑山庄建成之后，由清政府提议，出资修建的。清政府入关之后，为了巩固自己的统治，维护各民族之间的关系，政府出资修建了这些寺庙。十二座寺庙中，八座寺庙由清政府直接管理，它们被称为"外八庙"。"外八庙"的建筑风格主要有三种：藏式寺庙、汉式寺庙、藏汉风格合一的寺庙。这些建筑均极为华丽，宏伟精美。它们是我国最大的古代帝王皇家寺庙群，有着相当高的历史价值。

68 南京煦园是怎样以水为主进行布局的？

在南京市长江路上,有一座非常著名的明清园林——煦园。煦园又称为西花园,与瞻园并称为金陵两大名园。煦园最早建造于明朝初期,一开始是朱元璋送给陈友谅[①]之子陈理的,后来转手成了明成祖朱棣次子朱高煦的私人园林。煦园得名也是来自朱高煦,因为这里是他的私家园林,因此得名"煦园"。

[①] 元末农民起义领袖,元末大汉政权的建立者,曾与朱元璋交战三年有余。

煦园在清朝道光年间(1821-1850年)扩建,之后这里成为两江总督行署。康熙时期,这里被改成了江宁织造署,《红楼梦》的作者曹雪芹的祖父就曾经做过江宁织造。康熙皇帝在六次下江南的过程中,也是有五次住在这里。乾隆时期,这里被改为行宫,专门供乾隆皇帝来江南游玩时居住。清朝末年,太平天国占领南京后,洪秀全将他的天王府建在煦园的旁边,而且还把煦园当做了自己的后花园。据说,洪秀全死后,为了尸体不被人发现,就埋在不系舟下面。但最终还是被曾国荃命人从不系舟下挖出来示众。辛亥革命后,孙中山先生也曾在这里居住。煦园历经六百多年,诸多名人曾居住过,是

▼ 煦园

一座别具特色的江南古典园林。

这座园林面积其实并不大，但却处处是景，让人流连忘返。煦园最大的特点是，整个园林以水布局，全园中大部分都是水，水体呈南北走向，整体上呈一个长型花瓶状。在建园手法上，为了着重突破单一狭长的水体，故用舫、阁把水池自然分割成各自独立又相互联系的三个部分。不系舟、忘飞阁、鸳鸯亭等成为园内经典的建筑。这种布局符合江南水乡园林的建筑风格，有分有聚，虽分实聚使中部形成较开阔的水面。

▲ 煦园

水面分开来的景物，也是各具特色。其中比较著名的是由乾隆亲自命名的"不系舟"。说它是"不系舟"，就是因为不系舟是一个石舫，由一座曲曲折折的小石桥连接陆上，石舫上面是木质结构，下面则是由一个大青石做的船身，整个船体长有十四点五米，船头宽四点六三米，船尾则有四点五六米，高度大约是二点七七米。船的建设仿照了江南游江用的花船，非常有特色，分为了前后两个部分，整个木质结构的做工是非常精细的，雕刻精美，门楣、窗棂、门柱上面都有难得一见的雕刻。

除不系舟外，煦园中的其他建筑也是各具特色。忘飞阁也是一处不多见的江南建筑。不系舟与忘飞阁，一南一北。正是如此，才形成了煦园中"南舫北阁"的格局。南舫北阁将整个水面分开，遥相呼应，构成了煦园的主体。

在建造园林的时候，如果单单以水来布局，则显得略微呆板，毫无任何艺术特色。而各种建筑把水隔开，分成一个个独立的空间，但又由水相互连接，既显得水面十分开阔，步入其中却又是单个的空间。

同时，煦园内的亭台楼阁也布置得非常巧妙，东榭西楼隔岸相望，花间隐榭，水际安亭；这种虚实相映，层次分明的特点，正是水体最精彩的部分。

煦园小巧玲珑，虽只有一点四公顷，但给游人创造了一种渐入佳境的情趣。煦园周围高墙围绕，从当时江南的建筑风格特色来看，高墙的设置主要是为了园内的精美景色不让外人看到，只能供园内欣赏的作用，这也符合我国古代人保守、财不外露的传统思想。但这高墙并不呆板，它设计的颇有艺术特色，墙脊呈波浪状，名为"游龙脊"，别名为"云墙"。

煦园独特的建筑特色，让它成为我国园林建筑的代表之作。

● 煦园里的"宝葫芦"是做什么用的？

在煦园中，建筑物的顶端常常有一些葫芦状的装饰物，特别是在鸳鸯亭上黄蓝底托着红色的葫芦更是格外显眼，这到底是为了装饰还是有其他作用呢？设置宝葫芦是佛教建筑传统，寓意家宅安宁、全家平安，其次，宝葫芦被放在了建筑的最上面，也具备装饰的作用。煦园中的宝葫芦主要是镇火灾之用。原来，煦园建筑多为木制，历史上曾数度失火，后人重建园内建筑时，加宝葫芦以避火灾。

华清池中的"汤"究竟是指什么？

中国的园林艺术跟中国的历史一样，时间久远。在我国第一个封建王朝建立的地方——陕西，有一座非常古老的皇家园林，它就是历史上非常著名的华清池。华清池是我国现存最古老的园林，它的建造历史可以追溯到三千年以前——周幽王修建的"骊宫"。这之后，最让华清池名扬海内外的还是在盛唐时期，唐玄宗和杨贵妃的爱情故事令它让世人熟知。华清池中有一种被称为"汤"的建筑，"汤"指的是什么呢？

说到华清池，那就不得不提到唐玄宗和杨贵妃，唐朝大诗人白居易曾为此传诗一首《长恨歌》，在诗句中有这么一句："春寒赐浴华清池，温泉水滑洗凝脂"，华清池的水配上杨贵妃的美，贵妃出浴的画

▲ 华清宫

面，引无数人遐想。那么贵妃出浴的地方在哪里呢？这就是"汤"。杨贵妃出浴的地方称为"海棠汤"，"汤"是当时比较文雅的一种叫法，并不是现在所指的喝的汤，它是指温泉浴池。

由于华清池的温泉富含多种矿物质和有机物质，因此各个时期的帝王都在这里修建行宫别苑。最早要算西周周幽王了，他在骊山脚下修建了"骊宫"。而后是秦始皇，秦始皇在这里修有温泉浴室"骊山汤"。唐太宗时，在这里营建宫室楼阁，起名为"汤泉宫"，唐高宗李治时改名"温泉宫"。来这里沐浴休息的帝王们数不胜数，但只有唐玄宗李隆基的名字，与这里的山水牵绊出缕缕柔情，被后人不断提起。

不过，在历经了一千多年的风雨沧桑后，华清池的很多建筑都被毁坏了，而现在我们看到的华清池是依照历史记载于1959年重建的。

华清池的布局，分为两个部分。在西北部主要是九龙湖以及一些其他的建筑，包括亭、台、楼、阁等，回旋相连的桥和走廊。到了南部，则主要是后来出土的一些唐朝时期"汤"遗址，这里现如今已经建成了博物馆。其中比较出名的有五"汤"：莲花汤、海棠汤、星辰汤、太子汤、尚食汤等。

▼ 华清池内的贵妃汤遗迹

莲花汤是专供唐玄宗使用的，莲花汤的建造有许多的鲜明特点，比如莲花座是两个，进水孔也是两个，这一系列的一对一对的设备，都是唐玄宗和杨贵妃专门设计的，是他们

爱情的象征。海棠汤俗称"贵妃池",是杨贵妃的御用洗浴池,因平面呈一朵盛开的海棠花而得名。太子汤是专供太子沐浴的汤池。尚食汤是专供尚食局官员沐浴的汤池。

除了浴池外,华清池作为皇家园林,设计大气庄重中带着华美。园林内波光粼粼、各种古建筑错落有致,一些能工巧匠雕琢的石雕点缀其中,美丽异常。

- "七月七日长生殿,夜半无人私语时。"

  长生殿究竟在哪里?

  白居易的这个千古名句让我们不禁发问:长生殿究竟在哪里?

  史书记载,长生殿就在华清宫中,它建于唐代天宝六载(738年)。现代对华清宫遗址的考古发掘中,考古人员终于找到了长生殿的具体位置,这组建筑的主体是尊道祭天的楼阁和祭坛,有朝元阁、祭坛、百像厅、望京楼和长生殿,这组建筑是供奉唐代自高祖李渊、太宗李世民、高宗李治、大圣皇后武则天、中宗李显、睿宗李旦及追封的太上玄元皇帝老子李耳七位皇帝灵位之地,所以唐时也叫七圣殿。

  据这个记载来看,长生殿并非是谈情说爱的地方。

扬州瘦西湖为何能"园林之盛，甲于天下"？

在我国的众多园林之中，江南园林可谓是别具一格，而在众多的江南园林中，素有"园林之盛，甲于天下"美誉的瘦西湖格外突出。与其他园林比较，瘦西湖园林是以湖为景，是我国湖上园林的杰出代表。沿着天然的瘦西湖建立起的园林，可谓是将江南园林的秀丽完完全全体现出来了。从隋唐时期开始，瘦西湖周围便开始建造园林，到清朝时形成规模，园林中的故事传说比比皆是，扬州至今还流传着"一夜造白塔"的故事。

乾隆皇帝第六次南巡，来到了美丽的瘦西湖游玩。某日，当他乘坐龙舟行至五亭桥畔时，他看着美景，似曾熟悉，却又感到似乎有什么缺憾似的，便对身边的扬州官员说道："这里跟北京的北海真像啊，不过却少了一座白塔，不然的确是一模一样了。"随后便继续游玩。

第二天，乾隆起床后，往窗外一望，不觉吃了一惊，他眼前出现了一座白塔。他揉了揉眼睛，再仔细看去，自己并没有看错。他不禁心头一阵疑惑。难道白塔是从天上掉下来的？这个时候旁边的太监禀告道："扬州的盐商，听说圣上感叹此处独缺一座白塔，连夜建造出来的。"

▼ 瘦西湖

名园争艳

▲ 瘦西湖

乾隆皇帝听后，感叹道："都说扬州富商富得流油，果然名不虚传啊。"原来，时为扬州八大盐商之首的江春听说此事后，花费十万两银子买通乾隆身边的太监，让他们帮忙绘制了一幅北海白塔的图样。之后，连夜用盐包做基础，以纸扎为材料堆砌出了一座只可远观不可攀登的白塔。后来修建的白塔如今映衬在瘦西湖的五亭桥边上。整座白塔高达二十七点五米，束腰须弥塔座，八面四角，它与五亭桥相映成趣。可谓是一幅绝美的中国画。

江春因为"一夜堆盐造白塔，徽菜接驾乾隆帝"的奇迹，而被称为"以布衣结交天子"的最牛商人。而风景秀丽的瘦西湖，恰恰是因为清朝时康熙、乾隆二位皇帝的数次南下扬州，使得当地的豪绅争相建园，遂得"园林之盛，甲于天下"之称。

清人沈复在《浮生六记》中赞道："奇思幻想，点缀天然，即阆苑瑶池，琼楼玉宇，谅不过此。其妙处在十余家之园亭合而为一，联络至山，气势俱贯。"与我国北方园林和江南秀美的园林相比，瘦西湖的园林有自己的特色。虽是个体，实为一个整体，这里因湖而建的园林，成了一个群落，与瘦西湖一起成了一个合理的整体园林，也就构成了一个空灵秀美的共同空间。

瘦西湖全长四点三公里，三十多公顷的游览面积，虽然面积不是太大，但却将江南的园林建设极其集中地展现出来。长堤、徐园、小金山、钓鱼台、月观、五亭桥、白塔等建筑的布局错落有致，将秀美的空间设计与自然的和谐相处完美地结合在一起，再加上历来的人文地理，一步一景，与水合一的画卷便清晰地展现在众人的面前。

长堤①在湖西岸，长达百米。堤边一株杨柳一棵桃，相间得宜。白塔晴云、玉亭桥、二十四桥景区都是瘦西湖中的美景，也是扬州园林的代表。这里，园林与园林相互交叉，景物也是随地可拾，建筑与水合成了一幅纯美的图画，让人流连忘返……

① "长堤春柳"是扬州二十四景之一。

● "框景"艺术是怎么回事？

在瘦西湖中，有一个深入湖心的钓鱼台。在中国诸多的钓鱼台景观中，瘦西湖的钓鱼台景观可谓是最小的一个，它是中国园林"框景"艺术的代表。"框景"艺术是怎么回事呢？

其实"框景"类似于现在摄影的框中取景的意思，在园林景物设置中，不可能面面俱到，必须在有限的空间里选择最合适的景物进行搭配，而"框景"的布局就是如此。瘦西湖的钓鱼台，利用有限的景物，进行合理的布局，使人从不同的角度能够感受不一样的景物，因此它被视为中国园林"框景"艺术的杰出代表。

71 扬州个园与竹子有什么关系？

在扬州，除了美丽的瘦西湖园林群之外，个园也是一座经典的江南私家园林。扬州个园的名字来源于一种植物——竹子，个园里面栽满了各色竹子，走进个园，一片一片的竹子翠绿喜人。个园是以竹石取胜，连园名中的"个"字，也是取了竹字的半边，应和了庭园里各色竹子，主人的情趣和心智都在里面了。此外，它的取名也因为竹子顶部的每三片竹叶都近似"个"字，连白墙上的影子也是"个"字。不过，个园的命名还有着另一层的含义，原来园子主人的名字里也有竹子，他就是大名鼎鼎清嘉道年间八大盐商之一的黄至筠，正因为其名字带有竹子，所以才如此爱竹。

黄至筠，又称黄应泰，字韵芬，号个园，是两淮地区有名的大盐商，家里非常富有。他购得此园后于嘉庆二十三年（1818年）在明代"寿芝园"的旧址上扩建而成，之后居住在这里。黄至筠在个园的生活也是非常奢华的，据记载黄至筠每日早餐是：燕窝、参汤、鸡蛋二枚。曾经就有一个一两纹银一个鸡蛋的故事流传。

一天，黄至筠闲来无事，翻看自家的账本，忽然发现在鸡蛋一栏中，自己平常吃的鸡蛋竟然

▲ 个园

是一两纹银一个。这也贵的太离谱了,于是他找来厨子。厨子告诉他,自己的鸡蛋就值这个价,如果不信他,他就辞职不干了。黄至筠不信这个邪,还真就换了人,可是再吃这个鸡蛋就是吃不出那个味了。最后,他只好把那个厨子又请回来,并且询问其究竟。厨子告诉他:自己在鸡里是下了血本的,他养的这只母鸡,每天吃的饲料里,加入了人参、白术、红枣研磨的粉,自然鸡蛋的味道和营养就大不同,所以也就值这个价格。黄至筠恍然大悟,原来自己每天吃的鸡蛋这么讲究啊,这也就有了"个园一两纹银一个鸡蛋"的故事。

当然,透过这个小故事,我们能看出江淮地区的大盐商对于自己生活的讲究和奢靡。在园林布置和建设上,他也同样舍得花费,整个个园都是按照高级别的标准进行建造的。

园如其名,个园里面到处都是苍翠的竹子,这也是个园的特色之一。作为一处经典的私家园林,个园中处处都是精巧秀美,游人步入之后,往往沉浸其中。个园,按照四季划分各个部分又紧密地整合在一起,走如园林中,宛如经过四季一般,这中间起到决定作用的是植物和假山,这就是著名的"四季假山"。

进入个园,最先见到的便是春景,竹林沿墙布置,假山透入的是一种"一年之计在于春"的气息,给人一种万物生机之趣。夏景则在园的西北角,这里是假山与池水相连,有山有水,郁郁葱葱的绿色植物掩映其间,水流淙淙,布置清幽又凉爽。秋景则是另外一番景象,这里选择了黄

▼ 个园

石假山，假山上设置了山洞，假山挺拔陡峭，秋意很浓。秋景被设置在全园的最高点，当人游览至此的时候，能够纵览全园。冬景的假山则选用了宣石，这种石头颜色雪白，宛如下过大雪一样。走在这里，由于人工的设计，这里似有北风呼啸的感觉。最后，游人能从冬景墙上的窗户，看到另外一番天地——最开始的春天景色，这就形成了冬去春又来的景象。

个园独特韵味的设计，成为我国私家园林中的特例，建造布局新颖，却又张扬个性，是江南私家园林的杰出代表。

● 济南万竹园是如何融合北方建筑风格的？

在南方，扬州个园以竹为名，而北方名城济南也有一座因竹而闻名的私家园林，这就是济南万竹园。万竹园最早建于元代，占地约为二十一亩，位于趵突泉公园内，因为园内种植了大量竹子而得名。整个园林融合了北京王府、南方庭院、济南四合院等几种建筑风格，体现了"清、雅、幽静"的田园淡雅风格。万竹园分为三个主要院落，建筑房间一百八十六间，其中最为著名的要数胜概楼，有"济南胜概天下少"的说法，而园林内部布局也是环环相扣，引人入胜，整个园林建设用了整整十年时间，可谓是精雕细琢的北方园林融合各家园林特色的代表之作。

知道吧

中国文化中有关**古代建筑**的100个趣味问题

72 拙政园为什么被称为"中国园林之母"?

苏州园林名满天下,作为江南私家园林的代表,它有其别样的特色。在苏州园林中,最为著名的要数拙政园了。拙政园是苏州私家园林面积最大的一家,它与北京颐和园、承德避暑山庄、留园,并称"中国四大名园"。拙政园的园林建设布局颇具代表。在拙政园中,每个独特的建筑都有自己的故事,其中著名的见山楼与太平天国的忠王李秀成有着不解的缘分。

据说,当年太平天国打到苏州,忠王李秀成发现拙政园幽静秀丽,便想搬进拙政园,在此处办公、居住。他在园内巡视,却怎么也找不到一个适合居住的地方,亭子小、水榭好看不好住、楼阁又高。正犯愁时,他抬头看到假山旁边有一座小楼,这楼设计独特,楼上楼下是分开的,只能寻山路上楼。李秀成推开窗户,山水美景映入眼帘,忠王非常喜欢,决定在此居住、办公,这座小楼就是拙政园中有名的见山楼。

▼ 拙政园

李秀成住进拙政园,老百姓们很快知道了此事,有什么困难都来找忠王处理。李秀成秉公处理,从不徇私情,所以来找他的人日益增多,见山楼窗外的小山常常人山人海,推开窗户再见到的不是假山美景,见山楼似乎多了一层含义。

▲ 拙政园小飞虹桥

　　在六十二亩的拙政园中,这样的故事比比皆是。但拙政园"中国园林之母"的称号因何而来呢?

　　拙政园建造于明朝正德四年(1509年),由御史王献臣出资,请江南四大才子之一的文徵明设计建造的。拙政园以水为主,假山、建筑错落有致,花草树木郁郁葱葱,园林之中自然与人造美景和谐相处。拙政园为十三点四公顷,规模较大,以水为主。自然典雅的设计、错落有致的庭院布局,构成了拙政园的设计风格。

　　拙政园是按照江南私家园林的惯例来布局的。因为苏州水道多,所以拙政园中最多的还是水,水面占据了园林的五分之一,很多园林内部的建筑也是依水而建,亭台楼榭和水面错落地布置在一起,幽静却又有一种清新的美。拙政园中的建筑是在不断地补充建造中逐步完善的,早期主要是水和树木掩映,建筑相对较少,后来经过不断补充形成了如今的样子。

拙政园共分为中、东、西三个部分，其中中部是整个园林的精华部分。中部的建筑和布局都围绕远香堂来布置，假山、水池、亭子、小桥，建筑密度达到了百分之十六点三，院落内不再是单个的建筑布置，而是更多出现了群体化的设计。

拙政园另外的一个园林设计特色就是"林木绝胜"。从建园开始到现如今，这个主旨从来没有改变过。例如，明朝王献臣的拙政园时期，园子的三十一个景观，三分之二都是由植物来布置的，园林内到处都是植物带来的翠绿的视觉享受。步入园林之中，映入眼帘的是：桃花、翠竹、梅花、荷花、垂柳、芭蕉、海棠等等，这一切构成了园林的自然之美。

拙政园虽然是苏州私家园林中最大的一家，但其建筑也是小巧精美，在设计的时候把有限的空间分割开来，使人不感到局促和狭小。整个园林的美很难用语言来形容，这是拙政园的园林妙处所在，也是其拥有"中国园林之母"美誉的原因所在。

● 留园为何能戴上"吴中名园之冠"的大名呢？

在苏州，还有一处园林不得不提，这就是苏州留园。苏州留园曾被俞樾在《留园记》中称赞为"吴中名园之冠"，它的建筑特色也是园林中的一绝。留园占地面积达到两万三千三百平方米，是我国古代大型私家园林的代表。园林建筑设计技术精湛，庭院宽敞华丽，建筑居多，占园内面积的三分之一。园内独具一格、收放自然的布局设计也是其最为重要的特点，被称为是"不出城郭而获山林之趣"。同时，园内的花窗设计也是匠心独具，其雕花主要设计在窗棂上，而中间留空较大，使得园内景色如同画作一样跃然窗上。

苏州狮子林里真有"狮子"吗?

苏州园林是一个整体群落,除了拙政园、留园等,还有一处非常有名的园林——狮子林。狮子林最早原是元朝时狮林寺的后花园,高僧天如禅师为纪念他的师父而创建的,园林以狮子为名,那么园林中真的有狮子吗?

其实,狮子林名为狮子林,却并没有狮子在于园林中,而是与它的创建者是禅师有关。这座园林是天如禅师为了纪念自己的师父所建,他的师父中峰禅师曾倡道天目山狮子岩,取佛书"狮子吼"①之意,为了纪念佛徒衣钵、师承关系,故名为狮子林。当然这只是其中一个原因,另外一个原因则是由于狮子林里的一项特别的建筑——假山。由于狮子林里假山林立,且假山酷似狮形而命名。狮子林的假山中,有许许多多的山洞,绕进这些山洞里,每出一个洞口,就能见到不同的景色,因此被称为"桃园十八景"。其中有一个山洞,叫做"棋盘洞","棋盘洞"有一个八仙的传说故事。

据说,八仙中的铁拐李和吕洞宾结伴来到苏州游玩,看到假山非常好,便钻进山洞来领略"桃园十八景"的奇观。可不曾想转多了,看多了,却找不到出去的路了。铁拐李耍心眼,一屁股坐下来。他知道吕洞宾下棋不如自己,非要和吕洞宾下棋,

① "狮子吼"是指禅师传授经文。

狮子林简介

狮子林,苏州四大名园之一。元代至正二年(公元1342年),名僧天如禅师的弟子"相率出资,买地结屋,以居其师"。因园内"林有竹万个,竹下多怪石,状如狻猊(狮子)者",又因天如禅师维则得法于浙江天目山狮子岩普应国师中峰,为纪念佛徒衣钵、师承关系,取佛经中狮子座之意,故名狮子林。

狮子林既有苏州古典园林亭、台、楼、阁、厅、堂、轩、廊的人文景观,更以湖山奇石,洞壑深邃而闻名于世,素有"假山王国"的美誉。"人道我居城市里,我疑身在万山中",就是身居狮子林的真实感受。

元末著名画家倪瓒(云林)曾作《狮子林图》,成为中国绘画史上一件久负盛名的园林绘画作品。清康熙、乾隆数次临幸,乾隆皇帝还在北京圆明园、承德避暑山庄分别仿建了两座狮子林,把江南造园艺术带到了北方,丰富了皇家园林的造园手法。

1918年狮子林被颜料巨贾贝仁元购得。1953年苏州市人民政府修缮后开放。2000年被联合国教科文组织列入《世界遗产名录》。2006年被国务院批准为全国重点文物保护单位。

▲ 狮子林简介

说是谁输了谁就把赢的那个背出去。可巧的是，吕洞宾平常不赢，就今天赢了铁拐李。铁拐李见输了就耍赖，他向吕洞宾求饶。吕洞宾使用仙术，招来两朵祥云，两人乘祥云而去。棋盘洞里到现在还"留着"他们下棋的棋盘呢。

　　从这则故事可以看出，狮子林里假山的确是多。狮子林最早开建于元朝至正二年（1342年），它是我国园林艺术和佛教风格相结合的一处园林建筑，整座园林将园林娱乐和佛教禅理很好地融合在一起。

　　狮子林总共占地只有一公顷，假山占去了百分之十五的面积。园林

▼ 狮子林水景

里面的假山是我国古代园林中堆山最复杂、最曲折的实例之一，整个狮子林里的假山各种各样，很多都能让人联想到"狮子"。狮子林里的假山，一共分成了两个部分。这主要是从年代上进行的区分，主假山是最早建设的，到现在已经有六百多年的历史，而西部假山等是在1912年扩建时建设的，由于时间上相差了五百年，所以各具特色，也就造就了狮子林里完全不同的假山风格。各式各样的狮子林立其中，园林内的狮子峰就是其中之一。

狮子林建设中采用了大量北宋的"花石纲"遗物，由建造师们采用了独特的叠石方法，将假山修建得气势磅礴。而用太湖石修建的假山则是玲珑剔透，精巧细致。穿梭在狮子林的假山之中，往往给人一种进入迷宫的感觉，似乎刚刚欣赏完，眼前却又有一座假山呈现，真正是"柳暗花明又一村"。

狮子林中的假山数不胜数，作为我国现存园林大规模堆叠假山的唯一一个实例，它除了带给人们美的享受外，其艺术和历史价值也不容忽视。

● 中国园林中的假山水池是受老庄思想的影响吗？

山水文化是中国古代园林中一个相当重要的组成部分。在园林建设上，假山流水的布置是一门非常讲究的艺术，北方多以山为主，而江南园林则更注重以水为中心。无论以什么为中心，其重点就是要"从于自然，又高于自然"，这其实是以道教思想的崇拜重视自然为准则的。在一些著名的私家园林建设上，越是精美秀丽的园林，主人越是追求自然，而入园之后感受到纯自然的特色，就代表这个园林布置的成功，这也是中国园林最为可贵和经典的地方。

知道吧

中国文化中有关**古代建筑**的100个趣味问题

74 苏州藕园的命名与"藕"有关系吗?

苏州园林闻名天下,步入其中,江南园林的秀美显现无遗。但苏州园林真正的美在于每座园林的独具特色,在带有一丝江南园林的风格之外,又具有不同的风格。苏州藕园,就是苏州园林中一座别具风格的水上园林,它不像拙政园[①]那样精致而纤巧,也不像狮子林那样气势雄浑,但它耐人寻味的建筑风格,令人在自然和人工的双重雕琢中体会到恬淡、和谐、宁静、悠远的境界。

藕园的建造布局颇为特别,那么它名字的得来是不是因为园中有藕呢?

藕园原名并不如此,而是称为"涉园",最早是由清雍正年间的保宁知府陆锦建造。陆锦在园子建成之后,取陶渊明《归去来兮辞》中的

[①] 苏州的拙政园、留园,南京的瞻园,无锡的寄畅园合称"江南四大名园"。

▼ 藕园

"园日涉以成趣"之意,取名为"涉园"。后来,这座园林几经易主,在清朝同治十三年(1874年)被安徽巡抚沈秉成购得。沈秉成为人正直、励精图治,一心想报效国家,当时他因进谏而罢官,夫人和儿子又相继去世。仕途不顺再加上失妻丧子,身心疲惫的沈秉成几乎绝望。在他最痛苦难熬、不知所之之时,他结识了顺宁知府严廷珏之女、江浙才女——严永华。严永华比他小十五岁,情投意合的二人很快结成伉俪。沈秉成当时有归隐之意,因此聘请画家顾沄在涉园旧园基础上设计,重修扩建为一宅两园的现存格局。

▲ 藕园

　　沈秉成按照自己的意图对涉园进行了新的改造与扩建,建成东西两个花园。园林重建之后,他有意为此园换一新名,为了表示夫妻二人恩爱有加,并愿终老于此,再加上园林有东西两个庭院,沈秉成将"涉园"改为"藕园"。从古文中考察"耦"字有两人耕种之意,"耦"与

"藕"相通，同时也为了表达自己愿与妻子归田隐居的想法，这座园林正式更名为藕园。园中的女主人严永华还亲手在半亭的墙面上刻有隶书小对："耦园住佳偶，城曲筑诗城"，横额书"枕波双隐"，"耦"，又通"偶"，即指佳偶连理，又道出园宅的特征。从布局上来考虑，这名字还真的带有点"罗曼蒂克"的味道，所以藕园并非真的与藕有什么联系。

在苏州园林中，大多数园林的中心都是离不开水的，一是因为苏州多水，二则是因为江南园林的布局多以水为主。但藕园在这方面却是别具一格，另辟蹊径。藕园最为中心的是黄石假山，这也是园林中的主要景观和建造特点。假山布局在城曲草堂楼厅之前，整个假山虽为人造，但却好似天然形成一般，假山与园林建筑紧密配合在一起，并不显得突兀。临水的地方，则又有如悬崖峭壁，这山水相间的景色甚是雅致。在最早期的东园，也就是"涉园"的布局中，以假山作为整个园林的中心，而水池则只是起到一个辅助的作用，两者相互搭配，也显得颇为协调。同时，在东园不到四亩的地方，还建有最主要的坐北朝南的一组重檐楼厅，这也是江南园林设计中很少见到的。西园也是以假山为主，有书斋有楼，显得格外幽静，正如其主人所向往的城市中的田园一样。而在山上，并没有如同其他的园林，依据山势修建亭台楼阁，相反在山顶上铺土种上了花花草草，显得更是田园之气十足，山为主、水为辅的体系一览无余。

藕园的布局颇为奇特，除了它两园的设计，相比于其他的苏州园林，它更加重视方向、园林内的建筑、假山、水池、树木等的位置。藕园的这种设计与布局，并不是单纯为了美观和园林设计的方便而进行的布置，而是更多地考虑和包含了我国古代易学的知识。

中国自古讲求人与自然、宇宙的和谐与共生，信奉阴阳八卦和五行之说，这也反映了古人对地理、地质、景观、生态、建筑等的综合协调。藕园即为其中翘楚，也是我国古代园林中极为少见的特例。它西有大路，东为流水，南有河道、楼厅、重檐楼阁，藕园草木葱茏、城郭雉堞的布局形成了风水学中最为吉祥的山清水秀、山环水抱的天然地势，聚气藏风而不散泻，属于典型的风水宝地。中国传统的风水理论完美地切合在其中，更能让人与自然天地彼此接近，从而达到天人合一的境界。

生活艺术化、艺术生活化的苏州耦园，以其无瑕的美丽景色带给了人们无上的享受。

● 苏州半园中的景物真的都只有"一半"吗？

在苏州诸多的园林之中，有两座园林颇具特色，他们都被叫做"半园"，因为位置不同被分为了北半园和南半园。这两座园林是园如其名，里面的建筑景物多是以"半"为主题，这在苏州园林中是绝无仅有的。其中南半园面积为六千一百三十平方米，该园主以"知足而不求齐全，甘守其半"为标准，建造了这座园林。园内景物雅致精美，来到此处，会有心旷神怡之感，正如对联中所提到："园虽得半，身有余闲，便觉天空海阔，事不求全，心常知足，自然气静神怡。"而北半园面积约为一千一百三十平方米，但景物依然齐全，园东北部的二层半重檐楼阁非常罕见，其他仅有一半的亭台楼阁也是令人叹为观止。北园面积虽小，但布局紧凑，水池居中，环以水榭、船厅、半亭、曲廊，建筑多以"半"为特色，但给人雅致、小巧之感。

知道吧
中国文化中有关**古代建筑**的100个趣味问题

75 北方名园"十笏园"只有"十个笏板"那么大吗?

在我国风筝之都潍坊,有一座闻名中外的私家园林,它就是——十笏园。十笏园位于老城区的胡家牌坊街,原是明朝嘉靖年间刑部郎中胡邦佐的故宅。后成为潍坊乡绅的私家宅邸,到清朝光绪年间,潍坊首富、内阁中书丁善宝看中此地,改建成自己的私家园林。这座园林由于地处老城区,因此并不大,总面积不过两千多平方米。麻雀虽小,五脏俱全,里面亭台楼阁等各种建筑一应俱全,不仅融合了北方园林的风格,更兼具江南园林的秀美,成为南北两地园林风格结合的杰出代表。

▼ 十笏园

丁善宝(1841—1887年),字韫山,号六斋,潍县人。举人,后任内阁中书。有关十笏园的得名,与丁善宝是分不开的。丁善宝喜欢诗文和绘画,尤其喜欢那些古园林,他第一次看到十笏园时就非常喜爱,后斥重金把它买了下来,并请专人进行设计。丁善宝在他的《十笏园记》中对十笏园的命名做了解释:"以其小而易就也,署其名曰十笏园,亦以其小而名之也。"用他自己的话来说:因为园小而容易建成,所以题名为十笏园,也是因为园小而命名的。在古代,笏板是朝臣上朝的时候手里拿的那块板子,而这园林显然要比笏板大得多,十个笏板大小只不过是一个夸张的

说法，意在表明十笏园的小。

十笏园地处山东潍坊，在建造时是按照典型的北方园林的特点进行布局的，不过由于其面积较小，所以在设计的时候也融入了江南园林的特色。在布局设计上，综合考虑了整体面积和建筑物的结构，在有限的空间里设计了山与水，但并不显得拥挤。诸多精美的建筑叠加在一起，亭、台、楼、榭、回廊、曲桥等在不大的空间内呈现，却显得精致异常。走入园林，仿佛来到了一处幽静的小院，也符合了起名为十笏园的建筑特点。

十笏园讲究对称，体现的是一种对称美，首先以中间的山水作为中心点，然后南北庭院的建筑布置两边。但在建筑布局上又很另类，整个园林两边并没有完全一致，而是大小不一，房间数量也不同，这是为了体现对称原理中的不对称特点，使得园林整体呈现一种错落有致的精美。

十笏园的平面呈一个长方形，以古建筑为轴线进行区分，园林内部建筑共有三十四处，房间有六十七间，在外形上呈现了北方建筑的特色，而在假山和水池的布置上则体现出江南

▲ 十笏园

园林的特色。这种南北两融合的特点,自然而别致。诸如园内建筑,其在亭子上方,主要是按照北方园林建筑的方法设计,用了一斗三升①,但在栏杆处则用了江南园林的设计,尽量做得低矮、轻盈,初看上去,倒有几分江南风味。两种不同的园林风格糅合在一起,并不突兀,虽然山不高、水不大,但却使局部和整体有机地融合在一起。

在十笏园中游览,一步一景,建筑和景物都不大,小瀑布、小假山、小亭子,处处都是一种袖珍的美,看到这样的园林,感受到的真如进入了那"十个笏板"大小的天地,分外有趣,十笏园也因此成为北方园林中袖珍式建筑的典型代表。

① 即一斗为底,中为栱,栱上置三个升的斗栱组合,它是斗栱中最简单、最原始的一种。

● "小园极则"的网师园如何"以少胜多"?

北方有十个笏板大小的十笏园,而在苏州也有一个仅为半公顷大的网师园。网师园虽然面积仅有半公顷,但却是"麻雀虽小,五脏俱全",亭台楼阁、水榭桥廊一应俱全。园林内,以江南园林常见的水池为中心,所有建筑都依水而建,布局整齐均衡,内部却又在整齐均衡中带有一些层次感,显得错落有致。网师园内的建筑精巧秀丽,水池周围的建筑都带有小、低、透的特点,房屋内部装饰也如园林一样,精美、细致、小巧。整个网师园,以建筑秀丽为主,小中见大,园虽小但情趣却不低。它与十笏园一南一北遥相呼应,可谓是中国小型园林中的杰出代表。

名园争艳

76 "天上仙宫"一般的可园，为何还建有"草堂"呢？

我国园林按所处地理位置分为北方园林、江南园林，还有最南边的岭南园林，与前两种有区别的是岭南园林位于亚热带地区，因此造园条件比北方和江南更有利，建造规模会更大、更宽敞。东莞的可园便是岭南园林的代表园林，它被形容为"可羡人间福地，园夸天上仙宫"。可园与顺德的清晖园、佛山的梁园，番禺的余荫山房称为"岭南四大园林"。可园虽然面积不大，却布局奇特、奇趣多多，那为何以小见大，文雅精美的可园中会有一个"草堂"呢？

这里说的可园草堂，并不是真的"草堂"，而是可园中的经典建筑草草草堂。说到草草草堂，它名字还是颇有一番来历的。

这里不得不提到可园的园主，可园的园主名叫张敬修。张敬修，(1824—1864年)，字德圃，东莞莞城博厦人。因在原籍修炮台有功，1845年调往广西做官，后因捕获了图谋作乱的首领，升任知县、知府。张敬修一生戎马，但却非常喜好琴棋书画。此人有一手好字好画，在修建这个草草草堂时，也是根据他本人的经历而起名的。草草草堂的修建并没有如其名字一样草草建成，也并不是用草来修建的，只是在屋檐下方有一排稻草。张敬修一生除了居住在可园中，就是四处征战，经常是睡在野外。后

▲ 可园中的建筑

来回到可园后建成一座书屋，联想到自己一生的经历，为了时刻告诫自己不可荒诞度日，不可忘记自己曾经历的苦难，因此起名为草草草堂。草堂正中横挂着一副对联：

草草原非草草，堂堂敢谓堂堂！

一种虚怀若谷的大家风范表露无遗。

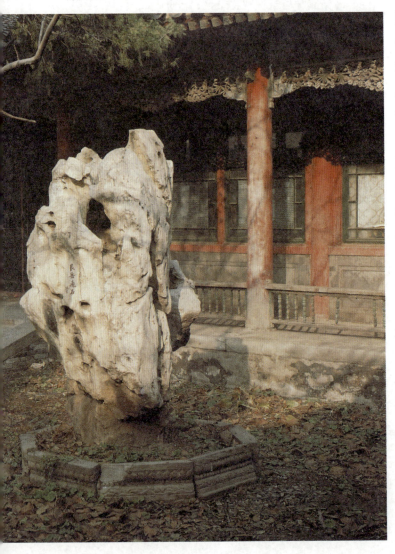

▼ 可园大花厅前的艮岳石

可园与北方的十笏园一样，面积并不大，仅有两千两百零四平方米。在这小小的地方里，可园的建造者把它设计的小中见大，所有园林中应该出现的景观、建筑一一俱全，亭台楼阁、山水桥苑都被精巧地安置在这里。园林采用的是江南园林的"咫尺山林"的建造方法，使得面积虽小却无拥挤之感。行走在可园之中，通过各式各样的一百三十七个门口和连接各处建筑的回廊、小桥等，都能到达可园中的任何一个地方。可园中的建筑布局，令人感受到每一处都是相互呼应，并不是孤立、独自存在的。

同时，可园在建造时构造精奇，毫无任何粗糙之感，所有的建筑都是精益求精。如，可园中接待客人的可轩，它的地板都是用板砖和青砖拼接在一起，构造成一种桂花形状。可园当初建造时，张敬修规定每个建筑者每天只能铺设一块砖，这样以慢求精来做工，有谁快了不但不奖赏，相反还要处罚，这一切都是为了保证质量。

可园中的建筑物有着别的园林没有的奇特。在初始建设的时候，由于可园内没有山，张敬修感到很遗憾，于是便让建造者做假山，而山的材料竟是海边的珊瑚礁。山上建有一楼台，由于山如狮子，所以这里被称为"狮子上楼台"，整个假山做工可谓是精细之至。但假山毕竟是假的，没有真山的那种气势，于是张敬修令人把建筑物再加盖成楼，这样四周的山就都被尽收眼底了。为了体现更高的境界，可园中还修建了邀山阁，在当时来说，可是最高的建筑物，在此登临便有了"一览众山小"的感觉。

可园以其幽静精细、曲折回环、匠心独具的特色向世人展现了它独特的园林艺术魅力，也因此成了广东园林的珍品。

延伸阅读

● "藏而不露"的余荫山房有着怎样的建筑风格？

岭南四大名园中除了可园，还有一座非常著名的园林，它就是"余荫山房"，又称"余荫园"。它总体的建筑特色是"小巧玲珑"，园内景色按照"藏而不露"的布局进行设计，但在园内参观时，却发现园林内部景色又时时刻刻能够感受到，这使得余荫山房赢得了极高的园林艺术荣誉。余荫山房总面积仅为一千五百三十八平方米，坐北朝南，以中间的廊桥为界，园内建筑布局灵巧，虽小但却与众多其他园林一样，样样不缺。另外它在设计上还吸取了苏杭地区园林的特色，并与岭南园林的建筑风格相结合。余荫山房的建筑特色也是岭南园林中比较独特的一个。

77 西藏罗布林卡为什么被称为"宝贝园林"？

在西藏拉萨市的西郊，不到市区三公里的拉萨河畔，有一座西藏风格的园林，这就是著名的罗布林卡。罗布林卡是西藏规模最大、建筑时间最长、景色最秀美、古迹最多的园林。罗布林卡俗称"拉萨的颐和园"，它在西藏的地位就如同承德避暑山庄一样，因为西藏达赖每年夏天都来这里消暑，因此罗布林卡也被称为"夏宫"。带有一定宗教色彩的罗布林卡有着很多的传奇故事，而它的建造历史颇具传奇色彩。

罗布林卡在修建成园林之前，这里曾是拉萨古河道的经过之地，灌木丛生，水草丰美，很多野兽都喜欢来到这里觅食，西藏当地的人们把这里称作是"拉挖采"，意思就是"灌木丛林"。当时五世达赖就非常喜欢这里，平常总在拉萨办公的他，夏日时就喜欢在此处搭上帐篷，休息避暑几日。

▼ 全国重点文物保护单位：罗布林卡

到七世达赖格桑嘉措时期，他也非常喜欢这里，经常来这里乘凉、避暑。最为神奇的是，他在这里找到了一汪泉水竟然治好了他的病。从此，罗布林卡的名声就更大了。

后来，清朝的驻藏大臣发现七世达赖很喜欢这个地方,便经常在这里为他搭建帐篷,让他在这里传授佛法。后来七世达赖干脆自己在这里修建了一座以他自己的名字命名的三层宫殿"格桑颇章",并取名"罗布林卡",藏语意为"宝贝园林"。而后,罗布林卡就展开了它漫长的藏式园林建造历史。

▲ 罗布林卡建筑

  罗布林卡的建造一共花费了大约两百年的时间,大约占地三十六万平方米,房间达到了三百七十四间。园内植物有一百多种,这些植物中汇集了很多平常难得一见的珍贵植物,除了拉萨的高原植物,还有喜马拉雅山麓的罕见植物,当然从内地和国外也进口了非常多的植物,这较之内地的园林,简直就是一座人工的大植物园。

  罗布林卡的建筑,除了西藏特色建筑,在园林的布局上也是别具一格。它更多采取的是高处筑台、低处挖池的方法,在园林的布局和建设过程中并没有强求自然,而是完全按照自然的定律,以顺为主。

① 颇章，藏语，意为"宫殿"。

罗布林卡，由"格桑颇章"①"措吉颇章""金色颇章""夏布典拉康"和"达旦明久颇章"等五个不同景区的宫殿建筑组成，这些都是地地道道的藏式建筑，每个建筑都按照三个部分进行布局，宫区、宫前区、林区，都是在西藏园林设计中比较常见的园林布局。园内主要建筑物的建造多采用木、石类的结构，整体建造时非常整齐划一。它没有如苏州园林那样的错落美，而是体现出一种规整的感觉，按照本来罗布林卡美丽的自然环境，以景取胜。

作为西藏达赖专用的夏宫，罗布林卡在建造的时候，花费了大量的人力、物力，其内部建设非常豪华，园内的亭台楼榭、花草树木数不胜数，在建筑物的装饰上也是富丽堂皇，这些都是作为上层统治者所特有的权利，这也使得罗布林卡有着今日的模样。当然，除了人为制造的这种富丽堂皇，更为重要的是它本身所处的环境造就了那种幽静、安逸、自然的西藏式园林风格。

● 贡觉林卡缘何成为宗教活动的举办地？

在西藏日喀则东北部的年楚河畔，有一座十九世纪建立的藏式园林，这就是贡觉林卡，又称为东风林卡。贡觉园林是西藏班禅夏季避暑和举行宗教活动的场所，园林由七世班禅丹贝尼玛仿照罗布林卡的布局建立的。班禅的夏宫就在这座园林内部，称为"贡觉林官"。园林内部，由于仿照了罗布林卡的建设，所以在布局上有一定的相似性，园林内部建筑和植物的种植，都是带有明显的西藏宗教特色。由于是班禅所建，所以更多的用来处理事物和进行宗教活动，这也是园林的重要作用之一。

名园争艳

78. 沧浪亭仅仅是一座亭子吗？它因何得名？

苏州城南三元坊附近，有一处苏州的名胜古迹——沧浪亭，距今已有近千年的历史。沧浪亭不仅仅是一座亭子，它是苏州现存最古老的一座古典园林，同时它也是唯一一座以"亭"命名的园林。

"沧浪亭"最早为吴越王外戚、中吴军节度使孙承佑的私家花园。北宋庆历四年（1044年），经范仲淹举荐在朝为官的诗人苏舜钦因赞同革新，被革职闲居苏州。苏舜钦以四万贯钱买下废园，进行修筑，傍水造亭。苏舜钦自号沧浪翁，他与梅尧臣齐名，人称"梅苏"。园林建成后，苏舜钦给这个园子取名"沧浪亭"，他正是取自《楚辞·渔父》中"沧浪之水清兮，可以濯我缨；沧浪之水浊兮，可以濯我足"的歌谣，表现出一种超然世俗名利之外，归情自然的清高意趣。苏舜钦邀请欧阳修作《沧浪亭》长诗，诗中以"清风明月本无价，可惜只卖四万钱"题咏此事。自此，"沧浪亭"名声大振。苏氏之后，园子又几度兴废，南宋绍兴年间（1131-1162年），为抗金名将韩世忠的宅第。元、明两代成为僧人所居的妙隐庵、大云庵。清代康熙、道光、同治年间多次重建，新中国成立后又经修复。沧浪亭虽因历代更迭兴废，已非宋时初貌，但其古木苍老郁森，还一直保持旧时的风采，部分地反映出宋代园林的风格。

沧浪亭造园艺术十分

▲ 全国重点文物保护单位：沧浪亭

独特。它与其他以水为中心的园林非常不同，苏州园林大都外筑高墙，要想窥见美景，必须穿门越墙才能欣赏。而沧浪亭则不然，观者尚未入园，就已感受到它的第一个特色，即：未进园林先成景，一泓清水绕于园外。沧浪亭之美不藏于内，整个园林以水包围，未入园林先见园景。它以水做围墙，这种别开生面的布局，不要说在苏州是独此一家，就是在中国园林中也是独一无二。

▼ 沧浪亭

沧浪亭的另一大特色是：复廊蜿蜒如带，廊中的漏窗把园林内外山山水水融为一体。园内并无太多繁华设计，十六亩的面积古朴清幽，精髓尽在"借"字。复廊上的一百零八个漏窗是沧浪亭的点睛之作。这些漏窗无一雷同，窗窗不同，虽说刻意，但不习气。透过廊壁上的漏窗看风景，漏窗与风景，互为细节。同时蜿蜒曲折的复廊，将临池而建的亭榭连成一片，又把园里园外的树色天光揽进怀抱。沧浪亭的复廊，以其独特的建筑形式连起了"山"与"水"两种形态，两个境界融和了"入世"与"出世"两个既矛盾又紧密联系的主题，也是几乎所有中国文人走过的心路历程。沧浪亭也以其独有的宋代造园风格，成为写意山水园的范例。

延伸阅读

● 西湖里的"亭亭亭"是什么意思？

在中国，很多亭子的名字都跟诗文或者字有关，而在杭州西湖的湖心岛上就有这么一个亭子，名字颇为奇特，称作"亭亭亭"。亭子为四角形的燕尾亭，名字中三个"亭"字罗列，颇具特色。一种说法是名字来源于诗句"塔影亭亭引碧流"，另一种说法是因为三个字的字体不同，意思有所不同。第一个"亭"为楷体，在这作动词用，意思是停下的意思，第二个"亭"为草体，在这作形容词用，意思为"亭亭玉立"，指的是此处景色秀美，第三个"亭"则为魏体，在这作名词用，就是亭子的意思。三个亭连在一起，意思是说每一个从亭子经过的人，走累了，可以停下来，欣赏一下这座亭亭玉立的亭子。

亭台楼阁

TING TAI LOU GE

79 著名的"兰亭"只是座小小驿亭吗?

举世闻名的《兰亭集序》是我国东晋大书法家王羲之的著名作品,而挥毫写就《兰亭集序》的地点,就在如今的浙江省绍兴市西南十四公里处的兰渚山上。作为山阴城风景人文绝佳之处的兰亭,其建筑布局和园林设计都是精巧秀美。漫步亭内,处处是景,其布局和亭内各种建筑的设计都让人感受到这里的书香之气,那么最早的兰亭是如此吗?

▼ 清代人绘制的《兰亭修禊图》

最早的兰亭所在的兰渚山,在春秋时期是越王勾践统治的区域,勾践发现此处风景秀丽,于是在这里种植了大量兰花。到了汉代,官府专门在这里设置了驿亭,取名"兰亭",这是有关兰亭最早的记载。到了东晋,兰亭成为书法圣地、魏晋风流高地,自此名扬海内。

东晋永和九年(353年)的农历的三月初三,会稽内史王羲之邀请了谢安、孙绰等东晋士族高官四十一人在兰亭举行盛会,行修禊①之礼。在这个过程中,他们进行了一项非常有趣的活动——"曲水流觞",规则非常简单,大家都坐在兰亭环曲小溪的两边,然后放一个酒觞从上游漂流而下,等漂到谁那里停顿了,谁便要

亭台楼阁

赋诗一首,如果说不出来,便要罚酒。当时,一共有二十六人,作诗三十七首,王羲之把他们的作品整理成集,然后自己为这个诗集写了序。序中他记叙了兰亭周围山水之美和聚会的欢乐之情,抒发了好景不长、生死无常的感慨。未曾料到的是,当时的三十七首诗并没多少人记得,这篇《兰亭集序》却成了千古名篇——"天下第一行书"。兰亭也因此成为历代书法家的朝圣之地和江南著名园林。

① 古代在春、秋两季于水边举行的一种祭祀活动。

历史上的兰亭,其实建筑设计非常简单,最开始的时候就是驿亭所在。之后由于这里景色宜人,后人对兰亭进行了整体修建,使之变成了一个园林。兰亭曾经数次搬迁,现如今所见为明朝时期的兰亭。明嘉靖二十七年(1548年),郡守沈启从宋朝兰亭遗址——天章寺迁移至此。

▲ 绘画中的"曲水流觞"

兰亭布局以曲水流觞为中心,四周环绕着鹅池亭、鹅池、御碑亭、小兰亭、玉碑亭、流觞亭、墨华亭等。鹅池用地规划优美而富变化,池内常见鹅只成群,悠然自得,四周绿意盎然。鹅池亭为一三角亭,内有一石碑,上面刻有"鹅池"二字,"鹅"字铁划银钩,传为王羲之亲笔书写;"池"字为其子王献之补写。一碑二字,父子合璧,被人们传为佳话。

小兰亭就是兰亭碑亭,它是一座四角碑亭,里面是康熙皇帝手书的兰亭石碑,可惜石碑曾经被毁,现如今虽然经过修复,但伤痕依旧,非常可惜。小兰亭东侧便是流觞亭了，它古典雅致，建筑精美细腻，四周有木雕长窗围绕，翘角飞檐，一番古韵自然融入其中。

御碑亭就在流觞亭的北面，高度达到了十二点五米，八角攒尖顶，重檐飞角，亭子四周还设有栏杆，栏杆之上的石雕也是栩栩如生，颇为精巧，从三个方向都有石阶可以进入到亭子内部，这内部便是一座巨大的石碑，整个石碑据说重达三万六千斤，石碑正面是康熙皇帝写的《兰亭集序》，背面则是《兰亭即事》诗，如此有特点的石碑是非常罕见的。

掩映在青山绿水之间的兰亭内的建筑非常有特色：它典雅而不失精美，书香四溢的感觉始终贯彻其中。

● 长沙"爱晚亭"是因诗而得名的吗？

在长沙岳麓山的半山腰上，有一座小亭，虽然亭子不大，但却名气非凡，它就是爱晚亭。爱晚亭，原来是木结构，后来改为砖石结构，此亭平面为正方形，高为十二米，边长达到了六点二三米，亭子顶端为重檐攒尖顶，四角外檐伸出很远，整个顶部都被绿色琉璃瓦覆盖。下面的四根外檐柱，都是由整根的花岗岩石加工而成的，亭子整体古朴典雅、精美非常。

"爱晚亭"原名"红叶亭"，后来改名为"爱枫亭"，亭子最早是由清乾隆年间岳麓书院的罗典倡导建造的，后来因为杜牧的诗"停车坐爱枫林晚，霜叶红于二月花"而改名为"爱晚亭"。现在亭子顶端的牌匾是毛泽东应邀题写的。

80. "德及枯骨"与周文王的灵台有着怎样的关系?

在我国古代,有"德及枯骨,天下归心"之说,这一故事与西周的明君周文王有着很大的关系。"德"即恩德的意思,"枯骨"指的是人死后被埋葬的尸骨,大意是说将恩德惠及那些死去的人,从而使得天下民心归顺。这一故事恰恰发生在周文王建造灵台时,看似与灵台的修建风马牛不相及的事情,究竟是怎么回事?

三千多年前的一天,平静的达溪河畔忽然旌旗蔽日,狼烟四起。交战的双方是周文王率领的周部队与商朝的附属国崇国(今沣河西岸)诸

▲ 玉门关一带的夯土版筑城墙遗址

侯崇侯虎。结果是周族大获全胜，崇国从此成了周的属地。文王觉得崇国这个地方不错，于是便把自己的都城迁移到了陕西户县东北的沣河西岸。为了答谢上天对自己的保佑，文王决定筑台祭天祀祖。于是，他便命令跟随他前来的周国的子民，修建城池和高台。当地脱离暴政苦海的崇国老百姓都争先恐后前来帮助周文王夯筑灵台，短短几日就已完工。《孟子·梁惠王》中这样记载："文王以民力为台为沼。而民欢乐之，谓其台曰灵台，谓其沼曰灵沼，乐其有麋鹿鱼鳖。古之人与民偕乐，故能乐也。"大意是说：文王虽然用民力修建灵台、沼池，可是人民很欢乐，称其台曰灵台，称其池曰灵沼，为那里有麋鹿鱼鳖而高兴，因为文王能够与民同乐。但在修建灵台和挖掘水池的时候，挖出了很多人的尸骨，文王知道后，命令为他们着上衣冠，另寻好墓地后，隆重的将这些尸骨埋葬了，后人把周文王的这种仁慈和德行，称为"德及枯骨"。

那么，类似灵台的这种建筑在中国古代究竟有什么用处呢？

▼ 周文王像

在我国古代，台其实就是一个搭建起来的台子，早些时候，人们主要是利用天然的台子或者人工夯土建造土台，整个土台的高度最高能到二十米，而一般情况下只有五米到十五米之间，当台子基本完成后，然后再在台子上面建造一些设计者想要的建筑物，留给设计者的空间一般会有九十到二百六十平方米。高台建成后，人们便可以登高远眺。但灵台这样的建筑，非天子不得做灵台。由于中国古代的君王，对天文历法是垄断的。在古代只有天子才能建有灵台，用以观天文，诸侯都不得观天文，更不能建灵台。

中国古代的台，由于建筑材料有限，技术也相对落后，所以大多都是由土夯筑完成的，这种土做的台子，非常节省资金，但因为其材料问题，很多都不复存在了。现如今由于时间久远，灵台也早已不见踪影，但在小城灵台（县名，位于甘肃省平凉市）还依然存有灵台遗址。灵台的面积约为四万四千平方米，整个土台为方形夯土高台，剩余的台基依然可以看到，南北大约为四十一米，东西则有三十一米，高度达到了八米。在夯土高台四周各有上下两层平台，下层比较简单，有回廊，而上层则出现房间建筑，一共有面阔五点五米的房间。这在当时看来，是一项相当不容易的巨大工程。

三千多年以前周文王所建的这座灵台，到东汉时，还被当做天文观测台，使用时间长达二百五十年之久。除灵台之外，中国古代还有很多比较出名的台子，比如商纣王的鹿台，鹿台是个遭后人唾骂的地方。此外还有曹操的铜雀台，铜雀台非常有名，特别是那句"铜雀春深锁二乔"更是让其闻名于世。

● 高达"千尺"的殷商鹿台是如何修建的？

殷商末年，商纣王荒淫无度，是一个残暴的君主。这个只图享乐的昏君派人修建鹿台，纣王又命令自己的心腹崇侯虎监工。崇侯虎虔诚地服从纣王旨意，聚集各地名匠，积聚全国财宝，整整花了七年时间才建成了这座壮丽豪华的宫苑。据说鹿台："其大三里，高千尺。"由于当时的建筑技术水平较低，鹿台的修建可以说除了少部分的建筑技巧外，更多的是靠普通劳动人民的努力才最终修建而成。在建造鹿台中死伤人丁无数，百姓们怨声载道。鹿台的建造也为殷商灭亡敲响了丧钟。

81. 滕王阁居然是一座风水楼，你相信吗？

"落霞与孤鹜齐飞，秋水共长天一色"，这是初唐四杰王勃在《滕王阁序》里的名句。它描写的是在滕王阁里看到的绝美景色，而滕王阁这座恢宏壮丽的古建筑也随着这"千古一序"——《滕王阁序》而闻名全国。滕王阁与湖北武汉黄鹤楼、湖南岳阳的岳阳楼并成为"江南三大名楼"，因王勃作《滕王阁序》让其在三楼中最早扬名天下，故又被誉为"江南三大名楼"之首。最早的滕王阁气势恢宏、规模庞大、建筑精美，是当时最高建筑水平的体现。

▼ 元代夏永的《滕王阁图》

滕王阁位于江西南昌城西，立于赣江江边，整个滕王阁非常恢宏壮丽，其主体高达五十七点五米，下部的底座就有十二米之高，而里面的建筑面积更是达到了一万三千平方米。楼阁的主体采用的是明三暗七的建筑，也就是说从外面看滕王阁只有三层，而实际进入到滕王阁里面，则会发现它有七层之多。

滕王阁最早建于唐永徽四年（653年），当时唐太宗的弟弟滕王李元婴时任洪州都督，他下令建造此楼。由于李元婴被封为"滕王",所以楼阁建成后命名为"滕王阁"。二十多年后滕王阁重修,竣工后洪州都督阎伯屿在此大宴宾客,席间王勃做了《滕王阁序》,从此此阁名贯古今,誉满天下。

滕王阁因王勃而出名,自然受到文人墨客的追捧,成了他们吟诗作画的好地方。但当时的滕王阁还被视为是一座风水楼,受到历代的重视和保护,这是怎么回事呢?

▲ 滕王阁

在我国古代,人们总是认为在人口聚集生活的地区,必须有一个好的风水建筑,这样才能生活的平安祥和,百姓才能安居乐业。这样的风水建筑要求是非常高的,必须是这个地区最高的标志性建筑,能够达到人们所期望的聚集天地之灵气,吸收日月之精华。民间有句俗语:"求财万寿宫,求福滕王阁"。滕王阁自建成之始,就被人们看做风水宝地。因为它地处赣江之滨,又是这个地区的最高建筑,再加上其代表了这个地区的形象,所以老百姓便理所当然地认为滕王阁就是这里的吉祥风水楼。

古谣云:"藤断葫芦剪,塔圮豫章残。""藤"与"滕"音,即指滕王阁;"葫芦",古人认为是藏宝之物;"塔",指绳金塔;"圮",为倒塌之意;"豫章"即指南昌。这首古谣的大致意思:如果滕王阁和绳金塔倒塌,南昌城中的人才与宝藏都将流失,城市也将衰败不再繁荣昌盛。通过这首古谣,可见滕王阁在世人心目中占据的神圣地位。

滕王阁从建成之后,历经唐、宋、元、明、清的历史兴衰,前后修葺达二十九次之多,在宋大观二年(1108年),滕王阁曾大修一次,并在它的旁边建造了很多辅助性建筑,形成了富丽堂皇的壮观气势。这次修葺后的壮观景象也被誉为"历代滕王阁之冠"。而最后一次重新修葺则是在新中国成立后,这次修葺是仿唐宋风格建造而成的。

当夜晚华灯初上,整个的滕王阁更是异常美丽壮观。步入阁中,仿佛置身于一座以滕王阁为主题的艺术殿堂,也依稀能感受到当初的古建雄风和那些诗人游历时的感慨……

● 江西人与万寿宫有何不解之缘?

有一种说法是:有江西人,就一定有万寿宫。万寿宫究竟是何建筑呢?万寿宫最早是为了纪念江西的保护神许真君而建立的,许真君原名许逊,被称为"福主"。他为民除害,根除了水患,所以在他死后,人们便建立了"许仙祠",后来宋真宗专门提笔为这里写下了"玉隆万寿宫"。逐渐地,万寿宫就被人们叫了起来。其实万寿宫大多是仿宋的官殿寺庙建筑,再掺杂一些地方特色形成的一种祠堂。但随着江西人在祖国各地生根,万寿宫的数量也逐渐增多,全国各地都能够看到万寿宫了,甚至在东南亚诸国也有。

亭台楼阁

82 "天下江山第一楼"的黄鹤楼，最初是作为军事堡垒兴建的吗？

"故人西辞黄鹤楼，烟花三月下扬州"，这是李白与孟浩然在武汉黄鹤楼依依惜别之时写下的名句。当时，黄鹤楼其实早已举世闻名。黄鹤楼素有"天下江山第一楼"之称，它自创建以来，各个朝代的楼体风格都不同。宋楼雄浑、元楼堂皇、明楼隽秀、清楼奇特，但无论哪个朝代，黄鹤楼都是气势非凡，极富个性。

关于黄鹤楼最初的建造有一个颇为有趣的传说。《江夏县志》中有一段记载，据说以前有个姓辛的人，在黄鹄矶上开了一个小酒馆，以卖酒为生。他心地善良，生意做得很好。一天，他的店里来了一个人讨要酒喝，辛氏看此人虽是一位身着褴褛道袍的道士，但气度不凡，于是急忙盛了一大碗酒送上。后来的半年时间里，道士经常来喝酒，但却从不付钱，辛氏并不介意。一天，道士对辛氏说道："我没办法给你酒钱。"随后，他取出一块橘子皮在墙上画了一只黄鹤，只要有人拍手歌唱，这只黄鹤就能翩翩起舞。从此以后，来此饮酒观鹤的人越来越多，辛氏的买卖也越来越好。十年后的一天，道士又来到这里，用笛子吹奏曲子，几朵白

▲ 明代安正文绘制的《黄鹤楼图》

云飞来,他和黄鹤乘着白云一起走了。为了纪念道士和黄鹤,辛氏用十年来赚下的银两在黄鹄矶上修建了一座楼阁,称为"黄鹤楼"。

这是传说中黄鹤楼的来历,真正黄鹤楼的建造并没有传说中的那么诗情画意,也并不如后来文人墨客所描绘的那样,它最初的建造目的非常简单,就是用作军事。这还要追溯到一千七百多年前,三国时期的吴黄武二年,即223年,东吴夺回荆州之后,孙权为实现"以武治国而昌"的抱负,决定筑城为守。以防御蜀汉刘备的来犯,同时也作为观察瞭望之用。因此,宏伟的黄鹤楼建在临江的山巅,最初是作为三国时期的军事瞭望塔。

黄鹤楼的具体建设格局,要按时间来划分。首先是宋朝,这个时期的黄鹤楼是一个整体的建筑群,主楼、亭、台、轩等一应俱全,主楼为二层建筑,顶层十字脊歇山顶,整个建筑气势恢弘,再加上周围的精美亭台,威武中不乏精巧,搭配得非常和谐。到元代,黄鹤楼虽仍有宋朝建设的遗风,但也加入了自己的特点,特别是植物的运用,使得原来略显单调的黄鹤楼,变得犹如庭院一般。发展到明代之后,

▼ 黄鹤楼

黄鹤楼变为三层建筑，顶上出现了两个小歇山，显得非常清秀。而到了清朝，这个时期的黄鹤楼则以威武雄壮为主特点，整个建筑"平地起高楼"，甚是惊艳。

　　黄鹤楼原址在武昌蛇山黄鹄矶头，至唐朝，其军事性质逐渐演变为著名的名胜景点，成为文人墨客汇聚的场所，并留下很多脍炙人口的名篇。如唐代诗人崔颢的七律《黄鹤楼》已成为千古绝唱，更使黄鹤楼名声大噪。一千七百多年来黄鹤楼屡建屡毁，最后一次毁于清光绪十年（1884年）大火。1957年建长江大桥武昌引桥时，占用了黄鹤楼旧址，重建的黄鹤楼在旧址一公里外的蛇山峰岭上，为仿清建筑。楼共五层，从楼的纵向看各层排檐与楼名有直接关联，它形如黄鹤，展翅欲飞。整座建筑雄浑之中又不失精巧，变化之中又有独特的韵味和美感，具有独特的民族特色。

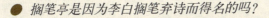

搁笔亭是因为李白搁笔弃诗而得名的吗？

　　在武汉黄鹤楼的东边，有两座小亭子，一座是搁笔亭，一座是"鹅"碑亭。因为黄鹤楼是文人墨客吟诗之地，周边的小亭也自然成了诗人们的驻足之地。据说搁笔亭是因为李白而得来的。唐朝时期，诗人崔颢来到黄鹤楼，看到黄鹤楼的雄壮美丽，于是他赋诗一首，名曰《黄鹤楼》。后来李白也来到黄鹤楼游玩，看到如此美丽的景色后，也想要题诗。可他忽然看到了崔颢的诗歌，因折服崔颢一诗做得好，便搁笔而走。后来到了清代，孔尚任（孔子六十四代孙，清初诗人、戏曲作家）知晓这个事情后，便把旁边的一座小亭起名"搁笔亭"。如今这座小亭是后人重建的。

83 为什么羌族人要修建"邛笼"?

在四川羌族自治区内,有一种建筑在数次地震中只是局部受损,主体建筑则基本未损坏。这种神奇的建筑物在大的自然灾害面前没有受到实质性损伤,不得不说是一个奇迹。它就是羌族的碉楼,羌族语言中称其为"邛笼", 邛笼并非是真的笼子,羌族语的意思就是碉楼。《后汉书·西南夷传》中就有对碉楼的记载:"依山居止,垒石为屋,高者至十余丈",这是最早的有关羌族碉楼的文字资料。

羌族碉楼的坚固是出名的,在清朝乾隆年间,发生过清军攻打碉楼的故事,曾令乾隆皇帝一筹莫展。据说,当时四川大小金川土司叛乱,乾

▼ 羌寨碉楼

隆皇帝派遣平定苗民起义有功的张广泗前去平乱。按照乾隆的估计，大、小金川土司的治所，不过百里大小，而能用的参与战斗的壮丁不过七八千人，应该很快会平乱，可是未曾想到，这仗打了两年多，结果清军损失过半，平叛的事情却依然没有多少进展，原来是羌族的碉楼阻碍了清军的进攻。因为它易守难攻，不怕炮轰、火攻、水攻。张广泗曾经上书乾隆，强调以守为攻，避免直接的进攻。这场战争虽最终以大小金川土司的投降而结束，但在这期间，为了攻打碉楼乾隆花费掉了千万两白银，损失清兵无数。

▲ 羌寨碉楼

其实，在羌族的历史上，碉楼的兴建并不是用于战争的。最早，羌族人谁家生了男孩，便要建立一座碉楼，孩子在十六岁前，每大一岁，就加高一层，直到十六岁时封顶，当时有种说法是谁家没有碉楼，就可能娶不上媳妇。

碉楼的兴建是非常复杂的，并不是说建就能建成的。首先要先请占卜的人来选择合适的地方，这与汉族的风水学类似。然后碉楼的建造要选择合适的式样，有四角、五角、六角、八角、十二角等形状，这些都是代表不同的含义。在理县佳山寨曾经有一座石碉，高度达到了五十三点九米，是最高的碉楼，但在"文革"时被毁掉。

对于如此坚固的碉楼，建造时是非常注重细节的。首先，碉楼建造时必须要有一个专业的"墙匠",他们负责碉楼的整体设计。尽管没有什么科学手段,但全凭实际和经验得来的技术却是非常有用。其次,碉楼的地基一定要挖到硬岩,这样从根部就牢固。碉楼的墙体要由毛石砌成,石头大头朝外,在衔接的地方是一个"品"字形状。墙体还要做收分处理,目的是为了增加整体的稳定性。在砌墙的过程中,建筑师们没有水泥,他们用的是土办法,用一种特殊的黏合剂,增强墙的刚度和硬度,使其更加安全牢固。

另外,碉楼里面每个房间都不大,只有三至四米,这样整体结合就非常紧密。同时,省下来的工料都用在墙体上,又增加了碉楼的抗震性,使得碉楼的墙非常厚实和坚固。这样的结构,导致了即使真的因地震受损,它也不会出现直接坍塌的后果。

如今,人们逐渐发现碉楼已经不适合居住了,不过作为我国少数民族羌族的经典建筑,它还是具有相当高的建筑研究价值。

● 羌族人在建造石砌屋时为何还要用到鸡粪?

在羌族建筑中,除碉楼外,还有依山而筑、垒石为屋的石砌屋也是羌族人民建筑智慧的结晶。羌族人喜欢三五家或者七八家聚集在一起建屋居住,整个建筑都是在半山腰建造,比较靠近水源。石砌屋是由石片砌成的平顶庄房,都以三层楼的形式建造。在房顶平台的最下面有木板或者是石板,在其上面还要覆盖上一些植物树枝,然后用黄土和鸡粪夯实。黄土和鸡粪的厚度竟然达到了零点三五米,这样做既结实又防水,整个建筑也变得冬暖夏凉了。

84 多灾多难的北京钟鼓楼是如何为百姓报时的？

在北京城南北中轴线的最北端，有两座间隔不远的高耸建筑物，这就是北京钟鼓楼。这两座建筑物已经存在了六七百年的历史，暮鼓晨钟，钟楼和鼓楼遥遥相望。古时老百姓没有钟表等报时工具，钟鼓楼起着不可替代的作用。在钟鼓楼中的钟楼里，有一个镇楼之宝，它就是在明永乐年间制造的一口大铜钟。铜钟重达六十三吨，是我国最大、最重的铜钟，关于这铜钟还有一段传说。

据说，早先北京钟楼里是一口铁钟。当时的皇帝听了钟楼里的钟声，感觉不够洪亮，下令重新铸造一口铜钟，时间定为八十天，这个任务落到了一位名叫华严的工匠身上。

但奇怪的是，尽管华严师父技术高超，可这口铜钟无论怎么铸造也成功不了，眼看皇帝要求的时间就要到了，仍毫无进展。这时华严的女儿华仙告诉父亲，铸钟那天带自己去。

到了再一次铸钟的时候，情况还是如前面几次一样，炉温怎么也上不去，这

▲ 北京钟鼓楼

一炉铜水眼看又要失败,就在最关键的时候,华仙穿着一身红衣红袄,脚穿一双红色绣花鞋,从人群中冲了出来。她一头跳入了炉中,华严一着急伸手去抓,却只抓到了绣花鞋,再看炉时,温度已经上去,他只好下令铸钟。铜钟终于制成了,可这位美丽的姑娘却献出了自己的生命,人们便把她称为"铸钟娘娘"。

钟鼓楼这两座建筑为元朝时期建造,一直作为元、明、清代都城的报时中心。其间曾两次被焚毁,一次重建。在乾隆时期重建时,钟鼓楼又专门做了防火设置,在整个建筑上采用了砖石无梁拱券式结构。这两座古老的建筑颇具特色,鼓楼建筑以木结构为主,高度达到了四十六点七米;而钟楼则是全砖石结构的古建筑,高度有四十七点九米,它是北京旧城除景山之外最高的建筑物。

那么,钟鼓楼这两座古老的实用性建筑究竟是怎样为百姓报时的呢?

钟和鼓原本都是古代乐器,后来才用于报时之用。到清

▼ 古代的大钟

代时原规定钟楼昼夜报时，乾隆时改为只报夜里两个更时，由两个更夫分别登鼓楼和钟楼，先击鼓后敲钟。其计时方式按照古人将一夜分为五更来计算，每更为一时辰，即现在的两个小时，19点为定更，21点为二更，23点为三更，凌晨1点为四更，凌晨3点为五更，凌晨5点为亮更。钟鼓楼每到定更先击鼓，后敲钟，提醒人们进入睡眠，二更到五更则只撞钟不击鼓，以免影响大家睡眠。到了亮更则先击鼓后敲钟，表示该起床了。击鼓的方法是先快击18响，再慢击18响，共击6次，共108响。撞钟与击鼓相同。

另外，作为报时所用，钟鼓楼的声音传播也是很重要的一个建筑环节，它采用的是二层的半圆球形屋顶和拱券式"声道"构筑的巧妙结合，这样就出现了很好的音效，使得敲钟的时候，十里八乡的百姓都能听见。这在古时候算得上是全城唯一的"钟表"了。

在城市钟鼓楼的建制史上，北京钟鼓楼规模最大，形制最高，成为北京的标志性建筑之一，也是见证我国近百年历史的重要建筑。如今的钟鼓楼虽已失去往日的作用，但每到年节，依然能听到有力而浑厚的钟鼓声，这也成为京城著名的一景。

● 徐州钟鼓楼为什么被称为"望火楼"？

在徐州市大同街的中心，有一座混合结构的五层方塔形建筑，它就是徐州钟鼓楼。整个建筑存在时间并不是很长，为民国时期的1931年建造，楼总高为二十米，是当时徐州市区最高的建筑，建筑面积达到一百二十平方米。虽然这是一座钟鼓楼，却与我国其他地区的钟鼓楼作用不同，它不是用来报时的。原来，徐州钟鼓楼的主要作用是防火，因为它是徐州市最高的建筑物，所以当有火险的时候，它主要用来负责报火警，因此它又称为是"望火楼"。可是，这座望火楼从来没有报过火警，却险些由于附近建筑的大火被烧毁。

西安钟楼 为何二百年后整体迁移？

在古城西安，有一座举世闻名的钟楼，它巍峨地立于西安中心城区的东西南北四条大街的交汇处，整个建筑气势恢弘、繁复精美，呈现出了典型的明代建筑风格。它是我国同类建筑中形制最大、保存最完整的一座，历史建筑价值非常高。西安钟楼建于明太祖朱元璋洪武十七年（1384年），关于朱元璋建造这座钟楼，还有一个有趣的传说。

据说，朱元璋登基做了皇帝后，本以为天下太平无事了，谁料想在关中一带却是接二连三地发生地震。民间开始谣传，在西安城下有一条暗河，河里有一条蛟龙，这条龙一翻身关中地界就会地震一次。朱元璋想找点办法镇住这条蛟龙。道士术士们告诉朱元璋，要想镇住蛟龙只有一个办法，就是修建一座钟楼。因为钟声乃天地之音，因此可以镇住蛟龙。为了让自己安心，也为了百姓能够安居乐业，朱元璋下令修建了全国最大的钟楼，并把当时的天下第一钟——景云钟搬来放在钟楼上，希望彻底镇住蛟龙。于是，也就有了西安的钟楼。

▼ 西安钟楼

这只是一个关于钟楼的美丽传说，钟楼的确是在明朝洪武年间建造的。现如今看到的钟楼其实不是初建时的位置，它是在1582年整体迁移到今址的。明代的统治者为何在近二百年后将钟楼整体迁移呢？

1384年钟楼始建时，位置在今天的西大街、广济街口。搬迁新址后，钟楼整体向东搬迁了约一千米。此次搬迁是一次原件原样的整体迁移，而搬迁的原因在《钟楼碑》上有记载：因为明代建钟楼时囿于习惯心理，位置选在了唐长安城的中轴线上。近二百年后，由于城市中心的东移，以及城门的改建，钟楼显得日益偏离城市中心。于是，明神宗在1582年决定由陕西巡抚龚俄贤负责，对钟楼进行整体搬迁。此次迁移除重建基座外，木质结构的楼体全部是原样原件。

西安钟楼是砖木结合的建筑，共分为三个部分，分别是：基座、楼体、宝顶。从地面到楼顶高度大约是三十六米，基座为八点六米，因为是正方形，所以边长都是三十五点五米，整个面积达到了一千三百七十七点四平方米。其中基座是正方形的砖石结构，表面用的是青砖，给人的感觉非常稳固有气势，在基座四周开了高宽都是六米的券门，与四条大街相连接。基座之上便是楼体了，也是整个钟楼的重点部分。楼体是全木结构，一共两层，深、广各有三间屋子，在这两层楼上，都有明柱回廊、各种装饰和木雕、斗栱等。在钟楼的顶端是它最漂亮的屋顶了，其楼顶是"重檐三滴水""四角攒顶"形式，这里不仅仅是为了美观，其三滴水的形式，

▲ 明神宗在1582年决定对钟楼进行整体搬迁

还有实际的作用，可以缓冲雨水带来的"水滴石穿"的损坏作用，起到对建筑的保护。屋檐四角飞翘，按照对角线进行布置，楼顶全由斗栱支撑。另外，顶尖部为真金铂包裹木质内心的"金顶"，而其他则覆盖绿色的琉璃瓦，在板瓦之间都有筒瓦，而且还用铜制瓦河固定住，这样就

保证了整个建筑的稳定性和牢固性。

在钟楼主体上,还有一项非常重要的建筑装饰,这就是门窗浮雕。整个西安钟楼的门窗浮雕是非常精美的,也是异常复杂的。一共两层的建筑上,每一个门上都有浮雕,这些浮雕刻制的细腻润滑,一幅浮雕均蕴含了一个古代典故,是不可多得的珍贵历史资料,也保留了明清盛行的装饰艺术。

如今的钟楼,依然屹立在古城西安的中心,它给这个充满风韵的城市留下了深厚的文化积淀,也成为这座城市的标志性建筑。

● 你知道中央人民广播电台的新年第一响钟声出自哪里吗?

现在,每年除夕之夜中央人民广播电台都会播放作为辞旧迎新的"新年钟声",而这种声音不是普通的钟声,而是出自天下第一钟——景云钟。

景云钟铸于唐睿宗景云二年,即711年,故名"景云钟"。它是一座雕铸着飞天、腾龙、走狮、独角兽、蔓草、朱雀和云朵等图案的大铜钟。铸造时分为五段,共二十六块铸模,钟体可见铸模痕迹,距今已有一千三百多年的历史。景云钟原为唐朝长安城内的景龙观(现址在今西安西大街)钟楼所用,明初移至西安钟楼用以报时。景云钟钟声清脆洪亮,音韵优雅浑厚,听了令人心旷神怡,也显示了唐代冶铸技术的高超水平。如今它被珍藏于西安碑林博物馆。

亭台楼阁

86 举世闻名的岳阳楼，前身竟是一座阅兵楼吗？

"先天下之忧而忧，后天下之乐而乐"，这是范仲淹因岳阳楼重修写下的《岳阳楼记》名句。岳阳楼位于湖南省岳阳市，紧临洞庭湖，素来就有"洞庭天下水，岳阳天下楼"的说法，其雄伟造型、独特设计，吸引了天下众多的文人墨客来此吟诗作画。不过，雄伟的岳阳楼最早却并不是文人所用的，而是一座阅兵楼，这是怎么回事呢？

岳阳楼最早建于215年，是由三国时期东吴鲁肃所建。当时，孙权派遣鲁肃镇守巴丘，在此操练水军，并且在长江与洞庭湖衔接的险要地段修建了巴丘古城。鲁肃在这里日夜操练，为了操练水军方便，他便决定在巴陵山上修建一座可以指挥水军的楼台，这样阅军楼便建立起来。在阅军楼上，洞庭湖的景色一览无余，这座用来训练和指挥水军的阅军楼就是江南名楼——岳阳楼的前

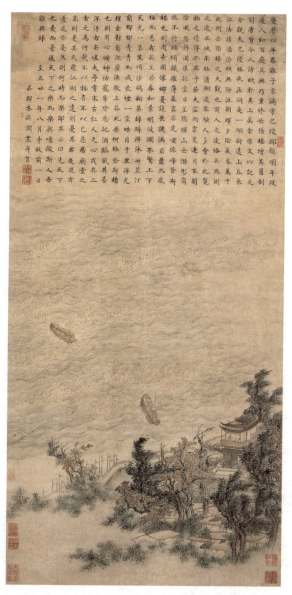

▶ 元代朱德润绘制的《岳阳楼观图》

知道吧
中国文化中有关**古代建筑**的100个趣味问题

身。阅军楼在两晋、南北朝时称为巴陵城楼,唐朝之前,其主要用于军事。到唐朝时因李白赋诗开始称为岳阳楼,这座江南名楼也成了文人墨客最喜欢去的地方。

唐代的张说[①]被贬到此,他在阅军楼的基础上重修岳阳楼。宋庆历四年(1044年),滕子京被贬到岳州,当时的岳阳楼已破旧不堪,滕子京第二年在广大民众的支持下重修岳阳楼。楼台落成之后,滕子京托人画了一幅《洞庭晚秋图》和一封求记书派人送到当时的政治家、军事家、大文学家范仲淹家中,请他为岳阳楼作记。当时范仲淹正被贬到河南邓州戍边,见其书信后,他欣然奋笔疾书,写下了名传千古的《岳阳楼记》。

岳阳楼在近一千八百年的历史中经历了数次兵患、水患、火患,它是屡修屡毁又屡毁屡修。现在的岳阳楼沿袭了清朝光绪六年(1880年)所建时的形制。新中国成立以后,政府多次拨款对岳阳楼进行了维修,

[①]张说(667-730年),唐代文学家,诗人,政治家,曾三次任为宰相。

▼ 岳阳楼

还修建了碑廊、怀甫亭，重建了仙梅亭和三醉亭等古迹。

岳阳楼修建在岳阳城西北的高台之上，地面海拔有五十四点三米，景区东西长约一百三十米，南北长约三百米。岳阳楼为四柱三层建筑，楼体为纯木结构，中部以四根直径半米的楠木大柱直贯楼顶，承载楼体的大部分重量。在屋檐最边缘雕有凤凰、欲飞的龙，精美绝伦。岳阳楼中最为经典的是楼顶为层叠相衬的"如意斗栱"托举而成的盔顶式，这种栱而复翘的古代将军头盔式的顶式结构在我国古代建筑史上是独一无二的。

同时，岳阳楼在力学、美学、材料学、建筑学、工艺学等方面都有着惊人的成就。楼体里的各种建筑部件相互衔接，且计算精细，支撑着整个岳阳楼体，十分牢固。其露明的木梁柱、构件等都具有线条优美的表现力，而木构件外表的油漆不但起到保护作用，还给建筑结构赋予了丰富的色泽美，这些充分显示了我国古建筑独特的民族风格，它凝结了古代劳动人民的聪明智慧和精湛的艺术才能。

如今，岳阳楼依然矗立于洞庭湖畔。经过无数次的修葺和重建，岳阳楼依然是江南三大名楼中唯一的一座保持原貌的古建筑，其建筑艺术价值无与伦比。

● 三醉亭跟八仙之一的吕洞宾有关联吗？

在岳阳楼的北侧，有一座亭子名为三醉亭。三醉亭是一座仿宋建筑的方亭，为岳阳楼主楼辅亭之一。亭子为歇山顶式建筑，纯木结构，两层两檐，红柱碧瓦，占地面积为一百三十五点七平方米，高九米，外形设计非常庄重，门窗雕花也是异常精美。

亭名源于八仙之一的吕洞宾"三醉岳阳楼"的传说。据说当年吕洞宾经常光临岳阳，因为岳阳山好、水好、酒好，吕仙在岳阳楼中喝醉了三次，于是便有了岳阳楼旁边的这座辅亭。亭中还绘有吕洞宾醉卧的图案，吕仙飘逸的神态、满酒的风度被刻画得淋漓尽致。

87 留存千年的天津观音阁是如何躲过强烈地震的？

我国以观音阁命名的宗教建筑非常多，但在天津却有一座特别的观音阁，它位于独乐寺中，是我国最早的木构多层楼阁，已有一千多年的历史。不过，独乐寺观音阁虽然时间久远，却依然完好无损，令人惊奇！1932年梁思成[①]来到独乐寺，在观看了主体建筑观音阁后，他激动地说："这是中国建筑史上一座重要而如此古老的建筑，它第一次打开了我的眼界。"

观音阁位于独乐寺山门之后，是一座高约二十三米的木结构楼阁。此阁下檐上高悬"观音之阁"匾额，相传为唐代李白所写。从外观看这座楼阁似乎只有两层，实际它是一座三层式木结构建筑物。这是因为中

① 梁启超之子，中国著名的建筑教育家和建筑学家，毕生从事中国古代建筑的研究和建筑教学事业。

▼ 独乐寺观音阁

间这层是暗层，暗层上面没有屋檐，只是在四周有一圈平坐栏杆围绕，从外面是看不到的。观音阁中的观音像高十六点零八米，其头上还有十个小头像，所以还被称为"十一面观音"，它是我国现存最高大的彩色泥塑站像。

相传，观音阁是鲁班下凡帮助修建的。当时，唐太宗李世民要来北边游玩，大将尉迟恭决定建造一座当时国内罕见的观音阁，以博得李世民欢心。于是他下令："佛高、阁高、不用钉、不用铆，以此建成观音阁。"工匠们得了命令之后，便开始修建，可是建了拆、拆了建，折腾了两个月却达不到想象的标准，这可把尉迟恭愁坏了。

一日，尉迟恭睡午觉，他梦见一黑发老者手拿一蝈蝈笼子来到他屋里，笼子非常别致。尉迟恭觉得笼子的造型很特别，便向老者要，老者说这就是送给他的，说完放下笼子就往外走，尉迟恭马上追了出去，结果他重重地从床上掉了下来。尉迟恭回忆梦中的情景，却是历历在目，于是赶紧召集工匠，按照梦中所见的样子修建。

观音阁快建好时，尉迟恭又梦见老者，梦中老者向工匠讨饭吃，边吃边说："盐短"。工匠给他碗里放了很多

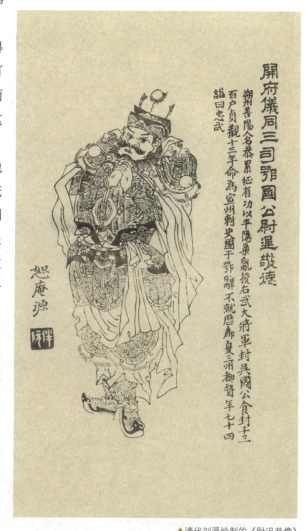

▲清代刘源绘制的《尉迟恭像》

盐,他仍说"盐短",老者吃饱后离开时,又指着观音阁说了句"盐短"。尉迟恭醒后一琢磨,这老者不就是鲁班下凡吗!"盐短"不就是指的屋檐短吗!于是他命令工匠把所有的挑檐都加长一尺,观音阁修成。

▼ 彩绘的梁枋

千余年来,观音阁经历了二十八次地震。尤其是1679年平谷发生的八级以上强震,蓟县官邸民舍无一幸存,只有观音阁安然无恙。1976年唐山大地震,观音阁也只受到很小的损害,这座木构多层楼阁为何会如此坚固呢?

其实,观音阁之所以能够经得起这么多次地震的破坏,主要得益于它本身的建筑结构。观音阁的尺寸、规格完全符合力学原理,它的设计结构具有良好的柔韧性。

观音阁内部的建筑十分精巧,以观音塑像为中心,四周列柱两排,每个柱子的顶端置斗栱,斗栱上架梁枋,其上再立柱子、斗栱和梁枋,这样往复三层。梁枋绕中间的观音像,这样中部形成天井格式,上下贯通容纳像身,整个内部空间都和佛像紧密结合在一起。整座楼阁梁、柱、斗枋数以千计，但布置和使用却很有规律。梁柱接杆部位因位置和功能的不同，采用了二十四种斗栱。这些斗栱的衔接、处理都非常细致协调，这样就使得观音阁组成了一个优美统一的整体，整个建筑也就具备了一种强大的抗震能力。因此，拥有精湛建筑技术的观音阁经受住了千年的考验，成为我国最古老的木结构高层楼阁。

● 独乐寺为何要"独乐"呢？它有着怎样的独特布局设计？

独乐寺是天津蓟县著名的寺庙，它又名大佛寺，是我国三大辽代寺院之一。其名字的由来据说是因为唐朝的安史之乱，当时安禄山在此地起兵造反，起兵时他就宣誓"思独乐而不与民同乐"，所以这个寺庙就取名为独乐寺。

独乐寺是国内最古老的高层木结构楼阁式建筑。它的建筑布局非常特殊，整个寺庙分为东、中、西三个部分，其中中部为寺的最主要部分，进入山门后边连着回廊，然后直通观音阁。因为山门与观音阁同在一个中轴线，因此可以站在山门直观整个观音阁，这种建筑布局有别于后来的明清建筑，体现了唐、辽的寺庙布局建筑风格。

知道吧

中国文化中有关**古代建筑**的100个趣味问题

88 藏书万卷的天一阁因何得名？它又是怎样防火的？

①即意大利北部的马拉特斯塔图书馆、佛罗伦萨的美第奇家族的圣·洛伦佐图书馆和宁波天一阁。

中国古人一直倡导"读万卷书，行万里路"，同时他们对古书的收藏和保护也是非常重视的。宁波历来是中华藏书文化的重地，特别是自宋代以来，私人藏书蔚然成风，为了能更好地保存书籍，古人建造了专门存书的藏书楼。我国现存最早的私家藏书楼是位于宁波的天一阁。天一阁历经四百四十余年的历史，已经成为宁波藏书文化的典范，它是我国藏书文化的生动象征，素有"南国书城"之盛誉，也是全世界现存最早的三大家族图书馆①之一。

▼ 范钦像

天一阁现藏有古籍三十余万卷，其中善本八万余卷。它是明朝嘉靖年间（1522－1566年）的兵部右侍郎（级别相当于现在的国防部副部长）范钦建造的。范钦（1506－1585年），字尧卿，号东明，宁波鄞县人，嘉靖十年（1531年）进士。范钦爱书如命，每到一处做官，就十分留意搜集各类书籍。范钦的藏书在鼎盛时期达到了七万余卷，大多为明代的地方志和科举录。

范钦宦迹遍布半个中国，因生性耿直不畏权贵，得罪了权臣。为了避祸，他辞官还乡。回到宁波后，为了更好地保护这些书籍，他决定建造一座藏书楼。范钦建阁藏书独具匠心。当时宁波有许多藏书楼，先后遭受兵火破坏。范钦想，兵灾无法避免，火灾却可以防止。为了防止火灾，范钦费尽苦心，查阅了许多书籍，最后在《易经》中看到有"天一生水，地六成之"这句话而受到启发。他认为书最怕火，而水能制火，把藏书楼取名为"天一"就能以水制火使藏书楼永久保存下去而不被火所毁。因此，他把书阁建造为硬山顶重楼式，上为一统间，取"天一生水"之意，下分六间取"地六成之"之意，"天一阁"由此得名。

　　天一阁防火是它建筑布局设计的重中之重。在天一阁前面，范钦还专门命人挖建了一个水池，取名为"天一池"，池中的水与东面的月湖相通，久旱而不干。这个设计不仅使得整个天一阁显得更为精美，也可用以蓄水防火。

　　为了防止书籍丢失，范钦订立了严格的族规：子孙后代必须遵循"代不分书，书不出阁"；看书必须各房子孙云集，方能开锁入阁。他的后代对天一阁藏书的保护又制订了许多严格的禁约，如规定抽烟喝酒

▲ 天一阁内景

后切忌登楼,不准擅领亲朋好友开门入阁及留宿阁内,更不准擅自将藏书借出外房及他姓者,凡违者处以不能参加祭祀祖宗大典的惩罚。时至今日,天一阁楼梯边仍挂着一块"烟酒切忌登楼"的大字禁牌。

天一阁原藏书籍七余万卷,但终因年代过于久远,书籍破损散失严重。从明末战乱起始大批散失,到清康熙时阁中所藏明实录已佚其半。嘉庆年间(1796-1820年),阁内的藏书实为五万三千多卷。鸦片战争时,英军占领宁波,掠走地理舆图数十种。咸丰年间(1851-1861年),又因盗贼潜入阁内窃走大批图书,论斤贱卖给造纸商。经过数番劫难,至新中国成立前夕,除去清代御赠的《古今图书集成》①外,天一阁原藏书只剩一万三千多卷,仅为鼎盛时期的五分之一。新中国成立后,政府回收流散的天一阁原藏书三千余卷,又加上当地收藏家捐赠的古籍,目前总数已近三十万卷,珍椠②善本达到了八万多卷。

现在的天一阁占地约二万六千平方米,天一阁藏书楼是它的核心。它南临天一池和东园,北为尊经阁和明州碑林,东为千晋斋,西为范氏故居和东明草堂。天一阁环境雅致、幽静,充分显示了清幽旷然的读书、藏书环境。

今天,天一阁已成为旅游胜地,游客休闲地漫步其中,于繁华现代的都市生活之外,体会着"万卷诗书来左右,容我佳园一藏身"的乐趣。

① 原名《古今图书汇编》,是现存规模最大、资料最丰富的类书。

② 椠,音qiàn,木刻的书籍版本。

延伸阅读

● 最早的皇家藏书阁为什么设置"护城河"?

藏书阁自古就有,而现在能够考据的最早的藏书阁就是西汉时期的石渠阁。石渠阁又名"石渠""石阁",它是由当时的丞相萧何主持建造的。刘邦进军咸阳时收集了一些秦朝的古籍档案,因此建造了这座藏书阁。而石渠阁的得名则是因为其建筑特点,当初建造石渠阁时,萧何命人在藏书阁周围用磨制的石块做成水渠,然后将水渠注满水,这样最早的皇家藏书阁周围便有了"护城河"。其实,这种做法既可以防火又能防盗,可谓是一举两得。

其他建筑

QI TA JIAN ZHU

89 华表为什么又被称为"诽谤木"？

在我国古建筑中，特别是帝王宫殿和陵寝前，都有一种装饰性的巨大石柱，它就是华表。上面雕刻着各种图案的华表，其作用一直是众说纷纭。不过，它存在的时间却是非常久远，最早可以追溯到尧舜禹时期。作为一种装饰性的建筑，华表成了皇家建筑的一种特殊标志。它最初被称为"诽谤木"，这种带有精美雕刻艺术的建筑部件怎么还被"诽谤"了呢？

据说，华表在尧舜禹时期就产生了，只是那时候还不叫华表，也没有现如今的壮观气势，那个时候它只是一块木头。当时，贤明君主尧把一根刮了皮的大木头桩子立在自己的家门前，为的是方便人们提一些意见，找到自己的过失，这样就有利于他了解民情、改正犯下的错误。由于那时"诽谤"的意思是指责过失、提意见，于是这块木头被称为"诽谤木"。

▼ 天安门华表

后来，这样的木柱放在了交通要道等大路口上，而且在上面加固了横着的木头，类似于今天的路标，主要用来作为行路时识别方向的标志。此时把它称为"恒表"，因为"恒"与"华"音近，所以慢慢就叫成了"华表"。随着封建社会的到来，权力都集中到统治者的手里，为了保证自

其他建筑

已稳坐天下,封建统治者开始控制人们的言论,不再设置这种"诽谤木",而是把这个东西当成了一种装饰性的建筑,放到了宫殿和陵寝前,华表的功用自此改变。

我国最著名的华表当属天安门前的华表了,这一对汉白玉做成的华表,做工细致,雕刻精美。龙盘于柱,横云飘绕于端;特别是在它最顶端有两个形象逼真的蹲兽。这种蹲兽名叫犼,又名望天吼,据说是龙王的儿子,犼生性"好望",它面向宫外,头朝远望去,人们给它起名叫"望帝归",是希望皇帝不要贪恋外面的山水美景而流连忘返,要早些回来处理政务。天安门里还有一对华表,华表上犼的头则朝向宫内注视,人们把它称为"望帝出",是希望皇帝不要整天在宫里贪恋酒色,而要经常出来体察民情。这一里一外,辉映成趣,表示对君王的一种约束。

▲ 华表柱头的犼

除了天安门,在明十三陵、清东西陵、卢沟桥等地都可以见到华表。究竟华表在这些建筑物中起着什么作用?至今尚有不同看法。

研究中发现,华表所代表的含义非常多,首先,作为古代君主纳谏的用具,也就是作为提意见的作用,这个可以基本确定。其次有人认为这是一种乐器,它是一种中间细,两头粗,有手柄的体鸣乐器,叫做"木铎"。当时一些官员四处奔走为皇帝征求意见,人们听到敲击声,便去表达自己的观点,后来这种方式也被废止了。

另外，因为华表上有神兽，而且四周雕刻精美，人们认为这可能是一种图腾，很多民族在古时候都有图腾，他们将本民族崇拜的偶像雕刻在立木上。这种图腾立木的风俗，在一些少数民族至今仍保留着。这是一种信仰，所以华表有可能也是图腾。

再一种说法，人们认为这是一种测量天文的仪器，用日光照射后的影子来测算。古时人们立木为竿，以日影长度测定方位、节气，并以此来测恒星，可观测恒星年的周期。

华表作为中国古建筑中的经典建筑，与中华民族、中国古老的文化紧密相连，从某种程度上说已经成了中华民族的一种标志和中国建筑的一个象征。

延伸阅读

● 天安门前的华表最初并不在现在的位置吗？

天安门前的华表最初并不在现在的位置，是新中国成立之后被移来的。它来自圆明园，原位于圆明园的安佑宫前面，经过了多次移动后来到天安门前。建国之后，为了交通上的方便，天安门前的这两根华表又一次改变了位置，它们被往北移动了六尺。应该说重达两万斤的华表移动起来，在现代技术条件下不算难事，但为了不毁坏上面的雕刻却费了一番苦功夫。华表的移动虽然只有六尺，在当时却相当轰动，经过众多人的努力，华表终于移动到了现如今的位置。

其他建筑 QI TA JIAN ZHU

90 岳飞《满江红》中"朝天阙"的"阙"指的是什么?

南宋抗金名将岳飞在《满江红·怒发冲冠》中有一句:"待从头、收拾旧山河,朝天阙。""朝天阙"指的是帝王的宫殿,在词中借指朝廷。这里的阙其实是我国古代的一种建筑物,它常被建于建筑群的入口处,如城池、宫殿、寺庙等入口常见到其身影。

阙是从防卫性的"观"演变而来的一种表示威仪和等级名分的建筑,因系双阙孤植,"中间阙然为道",故称为"阙"。阙都是中间不相连的建筑,由于这种特性,阙被引申到词上面来,将词的上下两个部分称为了上阕、下阕。那么,究竟阙这种建筑,有什么特点呢?

阙的建筑目的主要由最初的显示威严、供瞭望用的建筑,逐渐演变为显示门第、区分尊卑、崇尚礼仪的装饰性建筑。阙的建筑材料多为木材、石头等,其中木质的可以登临,而石头和土做的,则不能攀登,只能观赏。阙一般分为阙座、阙身、阙檐三部分,阙身有几种样式,都是以数量进行区分的,有一出、二出、三出三种,其中三出为天子专用,其他人都不能使用。另外阙檐也有专门的设计,和阙身一样可以分为三个层次,类似于房间建筑一样,这些阙檐都是用斗栱来进行支撑的。这种设计既能支撑上面的重量,又能够起到一定的装饰作用。因为阙一般是以一对的形

▲ 汉代阙

式出现，因此在两阙中间，有的檐稍微长一点，这样就形成了类似于一个门的样子。

我国最早的阙出现在西周，可以从《诗经》中找到相应记载，在《诗经·郑风·子衿》中就有记载："纵我不往，子宁不来？挑兮达兮，在城阙兮？"在麦积山石窟的壁画中，人们能看到当时阙的样子。我国现存最古老、最完善的阙，应属汉代的阙，这些阙大多都是墓阙，也就是在墓地前神道两旁建造的标志性建筑。经过统计，现存东汉的庙阙、墓阙大约有二十九座，大多位于重庆、四川等地。因为当时这里的

▼ 唐代阙楼图

经济比较发达，而且当时的人们重视墓葬，喜欢厚葬，所以墓阙较多。其中沈府君的墓阙，是难得一见的两个阙都保存的墓阙，整个建筑为石头制成，雕刻精美。

阙从建筑性质上可以分为城阙、宫阙、墓阙、祠庙阙、国门阙，分别立于城门、王宫、陵墓、大型坛庙、古时的国门等处。从建筑构造上还有两种区分，首先是独立的双阙，如汉代的阙，主要是起到装饰的作用，显示威严，这种阙中间没有门。到了唐宋时期，这种阙就较少使用了，仅仅出现在陵墓前。而另外一种，则是门阙合一的建筑，顾名思义，它就是城门和阙合二为一，具有城门和阙的双重功能。即在阙的上面，连接上两层或者三层的楼房，可以互相通过，这样既美观又实用。这种门阙后来也逐渐演变，到明清时成为北京紫禁城午门的形制。

阙除了这些特点外，它跟华表一样，阙身上还会刻上人物、走兽、车马、四灵等精美的浮雕。这些内容多是为了表达主人的身份。具体来看，雕刻分为三种，第一种雕刻是刻绘主人生前的生活，从而炫耀主人地位。第二种是各种游戏，比如少室阙，它上面刻绘的就是蹴鞠游戏。第三种为历史传说和神话故事，诸如"荆轲刺秦王"等历史故事。

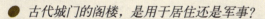

● 古代城门的阁楼，是用于居住还是军事？

在我国古代，很多城门上还要建楼，称为门楼。它是用来瞭望敌情，射伤敌人所用。后来，经过不断演变，门楼在古代建筑中的军事作用完全丧失了，从而成了"门第等次"的象征。在平常百姓家，根本不可能见到门楼，而在豪门宅第，则经常能看到这样的门楼。门楼的规模和气派程度，直接反映主人的社会地位、职业和经济水平。门楼的建设大多为挑檐式建筑，上面会展现诸多雕刻，有的还会在门楼前面摆放一对石狮或一对石鼓。石狮子、石鼓不仅具有装饰美，还有驱祟保安之意。

"鱼抬梁"指的是什么？
鱼又如何抬得起"梁"呢？

梁对于整个建筑物的重要性不言而喻。梁到底指的是哪个部分呢？它是指在木结构屋架中顺着前后水平方向架在柱子上的长木，它是一种长条形的建筑物承重构件。由于我国古代大多都是木质结构的房屋，因此在古建筑中多以木梁为主，而梁架最主要的作用就是承重。一根承重的梁架，对于整个建筑物来说至关重要，但如果出现木梁尺寸不够的情况，该如何办呢？

民间传说，这个难题是由百工之祖的鲁班解决的。相传，江南有一户人家要盖新房子，于是请了两个木匠来干活。一天，两个木匠贪杯喝酒喝多了，正巧那天锯大梁，这一喝多了，眼神也不大好，结果把大梁给锯短了。这下两个木匠傻了眼，梁短了怎么用啊？俗话说："铁钉短了碾一碾，木料短了干瞪眼。"这等于把活砸自己手上了，要是再重新进料那得多少钱啊，俩人真是急坏了。

巧的是，鲁班正好路过此地。他看到两个木匠愁眉苦脸的样子，又看见房屋迟迟未动工，知道一定是遇到了什么难题。一向扶贫济困的鲁班，走上前询问怎么回事。其中一个木匠就把事情的原委说了出来，鲁班走进工地，看到了那根截短的大梁横躺在地上。他量了量尺寸，脸上微微一笑。这时正是吃午饭的时间，木匠邀请鲁班一起用餐，但这二位面对满桌的鱼肉，光苦楚着脸，却不动筷子。倒是鲁班先动了手，他拿着筷子不慌不忙地来回比画。忽然，他把桌上的两条鱼分别放在了两个碗里，两个木匠看到后很是纳闷，心想他这是干嘛，莫非一顿饭能吃下两条大鱼。忽然，鲁班猛地把筷子的一头插到一条鱼的嘴里，另一头也插到另一条鱼的嘴中，两条鱼都尾巴朝外，鱼头对着

▼ 鲁班

其他建筑

鱼头,中间被架了空。一个脑子转得快的木匠腾地跳起来:"两条鱼能架一根筷子,不也能抬起一架梁吗?这是鱼抬梁!这是鱼抬梁!我怎么没想到这个巧法,雕两条木鱼,就能咬住大梁的两头。"

于是,木匠立刻拿来纸笔先把鱼抬梁的图画出来,然后连夜赶工。很快,两个生动逼真、精雕细刻的大鲤鱼头做了出来,木梁的一头插进一个鱼头的嘴里,和鲁班在饭桌上摆的一模一样。

在震耳的鞭炮声中,鱼抬梁丝毫不差地稳稳地落上。两个木匠如释重负,他们这才发现那位给他们指点迷津的贵人不知什么时候早走了。一个木匠记起:"他说他来自鱼日村,一个鱼一个日合起来就是鲁啊,莫非他就是鲁班师傅。我们真是遇到高人了!"

自此,"二鱼抬梁"作为一种建筑结构的创新,随其美丽的传说,出现在华夏各地。这种巧夺神工的建筑构思,不仅解决了大梁尺寸小的难题,而且还令整个建筑更加美观。

木构梁架是我国古建筑发展的主流,梁架之中最重要的是大梁,又称五架梁,梁上的雕刻彩绘多集中在五架梁上。不过由于地域差异,我

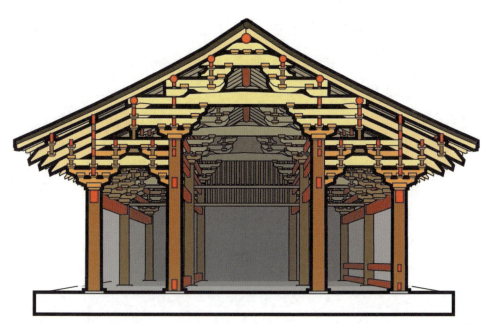

▲ 抬梁式建筑

国南北方梁的造型也有很大差异，北方相对简单，其木结构建筑中多做平直的梁；而南方则更追求美观，一般做法是梁稍加弯曲，形如月亮，故称之为月梁。不过，无论弯与直，其作用都是相同的。

月梁一般用于大府第、大厅堂、大住宅、大祠堂、大佛殿等比较大型的建筑物上，它的表面在施工完毕后都要进行雕刻或绘彩画，在皇家的建筑中都雕绘龙凤之类的图画。南方木构建筑中基本上都做"彻上明造"①而不做天棚，这样一来月梁的形象暴露于外，当人们进入殿堂时，全部梁架构造一目了然，这是非常可贵的。

北方木构建筑虽有月梁的做法，也有月梁的出现，但并不普遍，没有南方木结构建筑中月梁的做法。北方的建筑中往往在房顶之上要做上天棚等，这样既可以挡灰，又能够遮住这些房屋建设最基础的构件，使得房间显得整洁。

① 是指建筑物室内的顶部做法，南方天气炎热，很少吊顶，更不用藻井，而让屋顶梁架结构完全暴露，使人在室内抬头即能清楚地看见屋顶的梁架结构，这种做法称为"彻上明造"。

● 一般柱子都在梁的下面，那么"梁上柱"是怎么回事呢？

在我国古代建筑中，柱子应该从下往上一直到顶的，但由于部分建筑结构的设计，柱子不能从下部开始设计，于是便在梁的上面建造柱子，构成一种新的结构形式，而这种柱子就叫做梁上柱。相对于普通柱子承载的重量，梁上柱承载的重量相对较轻，它的负荷也少。梁上柱不能太多，毕竟梁本身也需要一定的承载力，这需要在设计的时候格外注意，运用特殊的建造布局，构成建筑的这种特殊形式。

其他建筑

92 能挑起大梁的小小斗栱是如何演变而来的呢？

在我国古建筑中，有一种常见的构件——斗栱。在早期的木建筑中，斗栱是一件非常重要的建筑构件，它连接着立地的木柱和承重的房梁，使两样建筑构件紧密地结合起来。另外在地震来临时，作为建筑物小部件的斗栱，也能起到一定的减震作用，使得房屋能够在拥有一定刚性的同时，还能产生柔性以适应环境的变化。那么，斗栱是如何来的呢？

斗栱，据传是鲁班发明的，在鲁班建筑木建筑房屋时，为了使房屋能够安全坚固，他创立了一种全新的建筑部件。自此，中国古代建筑就有了斗栱。这是有关斗栱创立的一种说法，而关于斗栱的来历，通过研究认为还有三种说法：一是井干式建筑结构交叉出头的地方，通过后世

▲ 古建筑檐下的斗栱

衍变而成斗栱。另一种说法是由挑梁衍变而来的，因为挑梁往往伸出柱外，所以逐渐就成了斗栱。第三种说法则是由擎檐柱而来。不过，无论斗栱是如何而来，其在中国古代建筑上所起的作用是非常重要的。

在中国古建筑的历史上，斗栱经历了三个重要的演变过程。第一个阶段大约是在西周到南北朝时期，这个时候的斗栱互不相连，都是在柱子之上承托梁的重量，从那个时期出土的很多文物中都能看到斗栱的形式。第二个阶段是唐朝到元朝时期，这个时候的斗栱有了新的变化，房屋的梁大多插入了柱头斗栱里面，斗栱不再是一种简单的支撑建筑的部件，而成了建筑物平面构造中一个不可或缺的部分。第三个阶段是明清时期，这个时期的斗栱尺度在不断地变小，其建筑上的作用也逐渐被其他一些建筑部件代替，使得斗栱的建筑作用逐渐减弱，其装饰性的作用走到前台，更多地体现出一种古建筑的风格。

▼ 彩绘斗栱图样

斗栱其实是一个总称，斗栱可以分开来说，斗是斗，栱是栱。栱是柱顶上的一层弓形承重结构，而斗则指的栱和栱之间的方形木块，由于两者在建筑上经常结合在一起，因此就把它们合称为斗栱。

在我国古建筑中，斗栱的作用非常重要。一个是它位于柱子和梁之间，有效地把梁所承受的重量传达到柱子身上，这样就能够保证房屋的坚固性和稳定性。另外，斗栱还能够使房屋的外檐更加靠外，这样房屋的造型看上去也就更加美观大方。第三，作为一个小的建筑部件，斗栱的设计也是逐步变化，后来设计得更加漂亮，使得斗栱成为一种古代建筑的典型装饰物。同时，斗栱还可以起到一定的抗震作用，这也是很多古建筑在经历大的地震时没有倒塌的一种原因。

● 中国古建筑物各部分是如何连接的？

如今人们在玩拼图游戏的时候，会发现每个部件都有一些凹凸的插槽，这其实跟我国建筑中各个部件相连时的一样东西类似，它就是榫卯。榫卯在中国古代建筑中的作用就类似于人体的关节，它使得整个建筑物能够连成一个有机整体，而不是松散地结合在一起。榫卯的种类非常多，每一种类的榫卯建筑作用也是各不相同，例如作为面和面结合的"槽口榫"、作为"点"来用的"双夹榫"等。这些特殊的建筑形式，体现了我国古代工匠超高的技术水平，也成为我国古典建筑的显著特征之一。

93 赵州桥为何有"天下第一桥"之称？

在我国河北省赵县县城往南五百米的洨河上，有一座著名的桥梁，它就是赵州桥。赵州桥又名安济桥，建于605年，是我国四大古桥①之一，它也是当今世界上现存最早、保存最完善的古代敞肩石拱桥。赵州桥距今已有一千四百多年，虽然时间久远，但依然结构坚固、造型优美。

"赵州桥儿什么人修？玉石栏杆什么人留？什么人骑驴桥上走？什么人推车轧了一道沟？"这首脍炙人口的民歌描绘了赵州桥的神奇传说。

相传，赵县这个地方有一条名叫洨河的大河。洨河水势很大，每逢

① 指广济桥、赵州桥、卢沟桥和洛阳桥。

▼ 赵州桥

夏秋两季，大雨来临时，雨水和山泉一并顺流而下，形成了汹涌的洪流。这给两岸的居民生活和交通往来带来了很多不便，人民的这个困难，很快被鲁班知道了。他特地远道赶来，施展出自己的绝技，在一夜之间造好了这座赵州桥。赵州桥造好的消息，很快传遍四方。周围的老百姓都争先恐后地前来参观。谁知造桥的事情竟传到了蓬莱阁张果老的耳朵里，他不信鲁班有如此的本事，于是约上柴王爷（即柴荣）兴冲冲地去看个究竟。他们俩一个骑驴一个推车来到桥头，正巧碰上鲁班，于是他们便问道：这座大桥是否经得起我俩走。鲁班心想：这座桥，骡马大车都能过，两个人算什么，于是请他俩上桥。谁知，张果老带着装有太阳、月亮的褡裢，柴王爷的小车中载有"五岳名山"，他们上桥后，桥竟被压得摇摇晃晃起来。鲁班一见不好，急忙跳进水中，用手使劲撑住大桥东侧。因为鲁班用力太大，大桥东拱圈下便留下了他的手印；桥上也因此留下了驴蹄子印、车道沟、柴王爷跌倒时留下的膝盖印和张果老斗笠掉在桥上时打出的圆坑。

　　当然，这只是关于赵州桥的一个美丽传说，那这座千年古桥真正的建造者是谁呢？他就是隋朝杰出的工匠李春。赵州桥由李春设计和建造，桥长五十多米，跨径三十七米，券高七米多，两端宽九米多，中间略窄，宽九米，是一座由二十八道独立拱券组成的单孔弧形大桥。赵州桥的建筑艺术，开创了桥梁工程上的新型结构，它的构思和工艺的精巧，不仅在我国古桥中是首屈一指，而且在世界桥梁史也占有重要地位。

　　首先，它采用圆弧拱形式。我国古代石桥拱形大多为半圆形，这种形式比较优美、完整，但也存在交通不便，不利于施工两方面的缺陷。李春创造性地采用圆弧拱形式，使石拱高度大大降低。赵州桥的拱是小于半圆的一段弧，这既降低了桥的高度，也减少了修桥的石料与人工，同时还使桥体非常美观。

　　其次，采用敞肩。这是李春对拱肩进行的重大改进，把以往桥梁建筑中采用的实肩拱改为敞肩拱，即在大拱的两肩，砌了四个并列的小孔，既减轻重量，节省石料，又便于排洪，且造型优美，同时还提高了桥梁的承载力和稳定性。像这样的敞肩拱桥，欧洲到19世纪中期才出现，比我国晚了一千二百多年。这种"敞肩拱"的创造，为世界桥梁史上的首创，也是赵州桥最大的科学贡献。

再次，使用单孔设计。我国古代长桥一般采用多孔形式，虽利于修建，但桥墩多既不利于舟船航行，也妨碍泄洪；同时桥墩长期受水流冲击、侵蚀，时间一长容易塌毁。李春在设计时采取了单孔长跨的形式，三十七米多宽的河面上只有一个拱形的大桥洞，下面没有桥墩。这样使得主桥能在洪水来临时，提高自身的防洪力，也就延长了桥的使用寿命。这是我国桥梁史上的空前创举。

最后，赵州桥造型优美，桥两边之栏板、望柱、石雕群像等无一不是隋代雕刻之精品，具有独特的民族艺术风格。如，运用浪漫手法，塑造的造型逼真的吸水兽，寄托人们期望大桥永不遭受水灾、长存永安的

▼ 赵州桥拱

其他建筑

愿望。

赵州桥以其非凡的特色，被誉为"天下第一桥"。它是我国劳动人民智慧和才干的结晶，是世界桥梁史上一颗璀璨的明珠。

● "沪上第一桥"指的是哪座桥？

放生桥是上海地区最大、最长、最高的五孔石拱桥，被誉为"沪上第一桥"。放生桥长如带，形如虹，"井带长虹"即指此桥，为朱家角十景之一。桥长七十点八米，拱桥主拱圈采用纵联分节并列砌法。桥上的石刻技艺高超，形状美观。龙门石上镌刻着八条环绕明珠的盘龙，形态逼真，桥顶四角蹲有四只石狮，张嘴仰头，栩栩如生。

该桥建于明万历年间（1573—1620年），由慈门寺僧性潮募款建造，性潮规定桥下只能放生鱼鳖，不许撒网捕鱼，故名放生桥。放生桥至今还保留着在农历的初一、十五放生的习俗。

94. "天下无桥长此桥"说的是哪座古桥？"睡木沉基"指的是什么？

泉州古桥一直为世人所称誉，"闽中桥梁甲天下，泉州桥梁甲闽中"，以洛阳桥、安平桥为代表的泉州古代桥梁，共同成就了泉州在福建乃至中国桥梁历史上的美名。在经历了千年的风雨沧桑后，仍有一些泉州古桥依然屹立在江河之间。泉州晋江安海镇和南安水头镇之间的海湾处，有一座古代连梁式石板平桥。它就是我国古代首屈一指的长桥，享有"天下无桥长此桥"之誉的——安平桥。

① 缗，音mín，古代计量单位，一缗钱即一贯钱，合一千文。

安平桥全长五华里，因此古时也称为"五里桥"，是当时世界上最长的桥。它是宋代当地富商黄护捐资三万缗①钱倡建的，始建于南宋绍兴八年（1138年），历时十四年告成，明清两代曾多次重修。

▼ 安平桥

当时中国刚经历过女真族金国入侵，北方沦陷，徽、钦二帝被掳，宋朝迁都杭州的大变局。如此政局动荡不安之际，民间仍能进行"安平桥"这样浩大的工程，可见宋代东南沿海经济之繁荣与对外贸易的蓬勃发展。关于这座桥，还有一些非常有趣的传说故事。

相传，安平桥修建的这片海湾早先经常闹灾，不是洪水就是海潮，老百姓过得苦不堪言。原来是东海和南海的两条孽龙经常到这里兴妖作怪，这件事不知怎么就传到一位修仙的道士耳朵

其他建筑

里。一天,道士看见这两条孽龙在一片沙滩上追逐嬉闹,最后累了,躺在沙滩上呼噜噜地大睡起来。道士乘此机会,用仙术将两条孽龙困住,之后变出一个扁担,挑着它俩向西方走去。可谁曾想,因为道士步子跨得过大,担子一沉,竟将扁担压断了,两条孽龙惊醒,它们立刻化作两畚箕土,脱身飞上天去。道士见留下后患,心中闷闷不乐,但也没有办法,只好回到灵源山①再去修炼。

过了几年,这两条恶龙又来作孽,道士这时已炼得真功夫,他吹出一条镇妖七彩锁链,恶龙一见,吓得魂飞魄散,它们潜入水底,再也不敢来了。为了纪念道士的功德,人们仿照道士吹出的镇妖七彩锁链,造了一条天长地久的镇妖玉带——它就是驰名中外的安平桥。

安平桥是我国古代劳动人民桥梁技术的完美体现,它充分显示了古代劳动人民的智慧。桥长二千二百五十五米,桥的石墩、石梁为花岗岩石砌成,共有三百六十一个桥墩,一千三百多条石板。为了保证桥体的坚固,桥墩的结构有多种样式。在安平桥的建造中桥墩一共分为三种形式:长方形、单边船形、双边船形。不同样式的桥墩放在了不同的地方,比如长方形桥墩一般筑在水浅的水域;单边船形的桥墩,它一边

① 灵源山地处福建晋江,高三百零五米,是当地一座名山。

▲ 泉州洛阳桥

尖，一边为方形，筑在水流较缓的港道，尖头朝向深海，这样冲击小，不会对桥体有伤害；而双边船形则放在水流急的深港处，用来分解溪流和海潮的冲力，这是因为两头尖的桥墩更有利于水流前进，而不会对桥墩造成伤害。这些桥墩的设计其实都是根据实际情况来定的。

另外，安平桥在修建桥墩时，还开创了另一项伟大的技术发明——"睡木沉基"。在安平桥桥基的修建中，根据地层的不同分别采用了"睡木沉基"和木桩基础。"睡木沉基"方法建起的桥墩，一般都在浅水区。它采用的木头，主要是松木，因为松木经过一定的技术手段后，可以完全浸泡在水中千年不烂。"睡木沉基"法建造时采用先以人工整平墩位，然后安放木头，再垒筑石墩。即先清理好河床，然后将松木编成筏停在桥墩位置的河面上，再在筏上垒筑墩石，使木筏逐渐沉入水底。这样可以加大重力的承受面，减缓桥墩下沉。目前在泉州宋代修建的石桥中屡有发现，除安平桥外，金鸡桥的桥墩也是用这种方法建造的。这种筑桥墩方法施工简便，比石堤式筏形基础的工程量减少很多，是古代建桥技术的一大创举。

如今，虽然有很多跨海大桥长过了安平桥，但是作为古代建筑，这座"天下无桥长此桥"的跨海石桥，始终是中国桥类建筑的一项伟大的艺术成就。

延伸阅读

● 泉州洛阳桥的桥墩在海水里是靠贝壳来固定的？

在我国福建泉州的洛阳江入海口处，有一座气势宏伟的大桥，它就是与河北赵州桥、北京卢沟桥、潮州广济桥并称为中国四大古桥的泉州洛阳桥。整座桥建立在风高浪急、波涛汹涌的入海口处，当初修建时十分艰险。那么，古代没有钢筋水泥，桥墩是如何在这样的环境下建造的呢？

首先，建造师们在海里扔下许多石块，这些石块是沿着桥的方向扔的，可是单块的石块很容易被冲走，因此造桥者首创了"筏型基础"以造桥墩。他们种植牡蛎以固桥基，利用海生贝壳生物产生的黏液，让贝壳在这些石头上繁衍，很快聚集起越来越多的贝壳生物，这样就把石块紧密地接合在了一起，也就使得桥墩可以顺利建造了。这一发明是我国古代重要的科学创新。

其他建筑

95 藻井为何以莲花作为其主要装饰内容，它真能压火吗？

我国古代建筑技术博大精深，除了建筑本身的设计魅力外，还有其他很多方面都是值得后人学习和研究的。其中，建筑物内的设计装饰非常别具一格。例如，在我国一些宫殿和寺庙佛坛的屋顶上，常会有"井"出现，这其实并不是真的井，而是叫做"藻井"的一种装饰手法。中国古代建筑对天花板的装饰很在意，由于这个部分能产生精美华丽的视觉效果，因此常在天花板中最显眼的位置作一个或多角形、或圆形、或方形的凹陷部分，然后装修斗栱、描绘图案或雕刻花纹。藻井是中国特有的一种建筑结构和装饰手法。古代有很多关于藻井的有趣故事，在嵩山中岳庙就有一个关于鲁班造藻井的传说。

传说在很久以前，嵩山上要修建寺庙，很多工匠都来到这里。一日，来了一个衣衫褴褛的老者，他也要加入修建寺庙的行列中来。领班的一看是个老头，而且穿得破破烂烂的，对他没有好感，怕他万一做坏了怎么办，于是就分给他一块柏树根疙瘩，让他自己随便看着做点什么，老者也没说什么，拿了东西就开始工作。

▲ 永乐宫三清殿圆盘藻井

数日后,老者找到领班:"我已经做好了,你去看一看吧!"领班想,一个柏树根疙瘩,能做出什么来?正好他闲来无事,于是就跟着老者前去一看。远远望去,仍是一个柏树根疙瘩,走近后领班一脚踢了上去,柏树根疙瘩顷刻间竟然变成了蟠龙藻井,做工精美、宛如天工。等到领班回过神来再找老者时,他已经不见踪影。后来人们说这是鲁班爷显圣巧造了蟠龙藻井。

那么,藻井究竟是什么样子的呢?

藻井,又称绮井、天井、斗八、方井、复海等,是一种高级的天花板,一般做成向上隆起的井状,周围饰以各种藻饰花纹,故而得名,其目的是突出主体空间。藻饰花纹主要以藕茎类的水草植物为主,常见的有菱角、荷花或莲叶。

▼ 北京天坛祈年殿藻井

藻井的这种装饰,其含义与象征还和防火有关。《风俗通》记载:"井者,东井之像也。菱,水中之物。皆所以厌火也。"东井即井宿,二十八宿中之一宿,古人认为它是主水的;同时,认为水草也可以压火。中国古代宫殿多为木结构,常有火灾之患。由于当时生产力的低下,人们还缺乏制服自然灾害的有效手段,因此,古人在殿堂、楼阁最高处作井,同时装饰以莲、菱、藕等藻类水生植物,都是

其他建筑

希望能借以压服火魔的作祟。藻井能压火,这当然是不可信的,但这种做法也反映了古人对防火的良好愿望。

中国古代常画莲花作为藻井的主要装饰内容,还有一重要原因是因为莲花是佛教净土的象征,素称"莲之出淤泥而不染"。敦煌莫高窟现存四百九十二个洞窟,其中四百二十个洞窟里都有藻井,而莲花图案一直沿用了千余年之久。

藻井的出现由来已久,早在两千多年前的汉代墓室顶上已有藻井装饰。我国现存最早的木构藻井,位于天津蓟县独乐寺观音阁上,建造于984年,它是一个方形抹去四角的藻井。而我国最华贵、最有价值的藻井当属清朝紫禁城太和殿里的藻井,这是一个蟠龙藻井,上为圆井,下为方井,中为八角井。这种设计体现了中国"上天下地""天圆地方"的传统说法。藻井最中间有一条俯首下视的巨龙,口衔一银白宝珠,雕刻精细,与大殿内巨柱上的金色蟠龙互相映衬,烘托出了帝王宫阙的庄严和华贵。

藻井作为我国劳动人民在建筑上的一种独创艺术,经历了由简单到复杂的漫长演变过程,给中国古建筑带来了很高的建筑装修价值,也给世人留下了丰富的艺术美的享受。

延伸阅读

● **武侠电影中功夫高手飞檐走壁,"飞檐"指的是哪?**

中国的武侠电影总少不了功夫高手在屋顶上飞檐走壁的场景,而飞檐中的檐角也成为动作电影中摄影师镜头里的常客。我国古建筑中屋檐的形式有很多种,有一种在屋角地方的屋檐总是翘起,就如同要飞向蓝天一样,这就是传统的飞檐。

飞檐是我国传统建筑檐部形式之一,多指屋檐特别是角部的檐部向上翘起。飞檐多位于古建筑中的亭、台、楼、阁、宫殿、寺庙的四角处,为的是实现美观的装饰效果,它也有一定的建筑上的功能,可以扩大采光面积和利于排泄雨水。同时,也增添了建筑物向上的动感。

96 "卍"是古代建筑常用的装饰符号，它有什么含义？

"卍"这个符号，是古代印度宗教的吉祥标志，代表着吉祥如意。在更多的领域包括建筑上，人们都把它作为吉祥的代表来运用。

"卍"是上古时代许多部落的一种符咒，在古代印度、波斯、希腊、埃及、特洛伊等国的历史上都有出现，后来被古代的一些宗教所沿用。开始人们把它视为是太阳或火的象征，后来普遍被作为吉祥的符号。随着古印度佛教的传播，"卍"字也传入中国。"卍"字有两种写法，一种是右旋（"卍"），一种是左旋（"卐"）。佛家大多认为应以右旋为准，因为佛教以右旋为吉祥，佛家举行各种佛教仪式都是右旋进行的。还有一种说法认为"卍"这个符号则是在中国土生土长的，对于"卍"在中国的出现，还有一段颇为有趣的故事。

据说，唐朝建立后，日益强盛的唐王朝让周围的少数民族分外敬畏，远在青藏高原的吐蕃王朝的赞普松赞干布非常欣赏唐朝的富庶与繁荣。他希望自己的吐蕃也能像唐朝一样发达，于是想出了联姻的好办法，之后派遣使者前往唐朝请求联姻。

松赞干布把这项艰巨的任务交给禄东赞。虽然禄东赞没有到过中原，但却是最值得信赖的人。于是

▼ 松赞干布

其他建筑

禄东赞起身前往长安,为了使自己记得来时的路,禄东赞决定做一个标记,而他所做的那个路标便是"卍"这个符号。后来这个符号流传了下来,因为联姻为两地带来了很多益处,因此,这个符号也就有了和睦团结、吉祥如意的意思。

中国佛教对"卍"字的翻译也不尽一致,北魏时期的一部经书把它译成"万"字,唐代玄奘等人将它译成"德"字,强调佛的功德无量。唐武则天长寿二年(693年)将"卍"定读音为"万",意为集天下一切吉祥功德。"卍"被画在佛祖如来的胸部,呈金色,被佛教徒认为是"瑞相",能涌出宝光,"其光晃昱,有千百色",象征着:吉祥、光明、神圣和美好。因此,这个符号也成为了中国古代人民最喜欢用的吉祥符号之一。在服装上、仪式上普遍应用,由于相互的连接可以构成美丽的花纹,人们便把它作为一个装饰性的符号,

▲ 唐代玄奘法师

知道吧
中国文化中有关**古代建筑**的100个趣味问题

大量地进行装饰，也体现出对和谐平安和吉祥如意的向往。

人们在建筑上大量运用"卍"字符号，也是因为它有吉祥幸福的意思。中国古代的建筑装饰，除了本身建筑上的需要以外，往往都代表着人们的某些信仰和追求。当然建筑符号的体现也不仅仅是符号，各种各样的形式都可以被作为符号出现，如颜色、标志、彩绘等等。"卍"在建筑装饰上的普遍使用，有的是用符号，有的则直接用表示吉祥的字来代替。

中国是一个民族众多的国家，在中国古代建筑中，很多的著名建筑和民居都有体现自己民族特点的建筑符号，这些带有浓郁民族色彩的符号都体现了他们特有的信仰和风格。

延伸阅读

● 清朝皇宫建筑多用黄、红两色，有何含义呢？

建筑上的颜色也是中国古代建筑装饰符号的一种，它更多的是具有一定的象征意义。颜色本身所带来的视觉上的冲击，能够给人一种思想上的震动。清朝皇宫中，黄瓦红墙是基本的搭配，远远望去，非常醒目，而且这里也包含了很明显的阶级等级，因为黄色只允许在帝王之家使用，所以黄色的瓦片便象征了帝王的尊贵和特权。对于红色，古人认为红色显示大富大贵，并且能够驱邪，这里的帝王之家则是被显示为天下最富有的了。

总而言之，建筑色彩也是一种特殊的建筑装饰符号，它同其他的装饰符号一样，装点了中国古代建筑，为古建筑添上了靓丽的一笔。

97 西塘古镇的廊棚为什么称为"一落水"?

在我国的江南地区，有非常多的古镇，它们的古建筑精美典雅、古色古香，每一处建筑都有一段美丽的故事。由于江南古镇大多有水环绕，所以古镇中往往带着古朴中的秀丽，比如西塘古镇，在古老的街道上前行，仿佛置身于曾经的年代，一扫现代社会的凡尘，整个身心都被其淡雅的古建筑美深深吸引。在江南六大古镇之一的西塘古镇中，有一处颇具特色的水乡建筑，它就是有名的——廊棚。关于廊棚，还有一段"为郎而盖"的有趣故事呢。

▲ 西塘民居

知道吧

中国文化中有关古代建筑的100个趣味问题

① 古建瓦分为琉璃瓦和砖雕瓦两种，琉璃瓦多数为皇家使用，老百姓家只能用砖雕瓦，砖雕瓦又被称为黑活瓦。

▼ 颐和园长廊及彩绘

据说，在西塘，古时候有一个年轻寡妇胡氏，她开了一个沿街的小铺子，全靠这个铺子里的生意支撑着一家老小的生活。在她铺子前面，有一个叫做王二的人摆摊卖豆腐，王二每天看到胡氏一个人忙里忙外的，经常帮助她做些体力活，以减轻这个寡妇的重担。

日久容易生情，日子一长，胡氏对王二也产生了感情，可是又不好意思说出来，她思来想去，终于找到了一个两全其美的办法。她借着自家修葺房屋的机会，请工匠沿着河街搭建了一个棚屋，这样王二再在自己家门前卖豆腐的时候，不仅免受风吹日晒，而且两人还可以同在一个屋檐下。很快，人们注意到了这个为爱而设计的建筑创意，邻居们纷纷仿效。不久，棚屋就连成了一片，胡氏的生意因此也越做越红火。棚屋连成片后，因为是"为郎而盖"，人们取其中"郎"字的谐音，将其称为"廊棚"。

这就是西塘廊棚的美丽传说。其实，在江南地区很多古镇都能看到廊棚，但与西塘古镇的廊棚相比，都是不成规模的。西塘古镇的廊棚全长一千三百多米，是江南古镇中廊棚最长的一个。西塘廊棚一边连着河边的商铺，一边沿河修建，弯弯曲曲，造型古朴而又有情调。整个廊棚并非统一工程，而是各家各户自发修建最终连在一起而成，屋顶大多都是砖雕瓦①。西塘的廊棚有

其他建筑

的濒河,有的居中,沿河一侧有的还设有靠背长凳,供人歇息。整个廊棚以砖木结构为主,一边与商铺的墙体相连在一起,另一边则独自竖立着一根根的柱子,由于中间没有间断,类似于一道长廊。廊棚由于其一色的墨瓦盖顶沿河连成一体,因此还被俗称为"一落水"。

江南廊棚的修建大多是普通老百姓为了生活上的方便而建造的。在很多的江南古镇,河流转城而过,居民的房子都是沿河而建,一些日常百货的买卖交易,往往都是商家通过船在河上进行的。下雨天时,这样的买卖是非常不方便的,于是沿岸的百姓便想出了这个好办法。建造廊棚后,给生活带来了极大的方便,因此说建筑艺术的创造,往往都是来源于生活的。

其实,无论是因为生活的便利还是唯美的爱情建造的江南廊棚,都是留存到今天的一份珍贵的建筑瑰宝。漫步在烟雨长廊之下,舟影波光,廊棚苍老,似乎让人步入了久远的历史……

延伸阅读

● 廊在我国古建筑中非常常见,世界上最长的长廊是哪个?

廊,其实顾名思义,就是有顶的通道。在我国古代建筑中,特别是园林建筑中,长廊很常见,一是作为各个建筑物之间的连接,二是作为单独欣赏用的行走通道。世界上最长的长廊在北京颐和园内,它位于万寿山南麓,全长七百二十八米,共二百七十三间,是中国园林中最长的游廊,1992年被认定为世界上最长的长廊,列入"吉尼斯世界纪录"。长廊内有一万四千多幅图画,其中的内容多样,包罗万千,它是我国长廊艺术的瑰宝之作。

98 古代人进屋前要先跨过门槛儿，"门槛儿"有何寓意？

在古代建筑中，要进入房间，往往要抬高脚跨入房内，为什么要跨呢？这是因为，在门口处往往会横着一块木头，这块木头叫门槛儿。门槛儿又称为门坎儿、门栏儿，虽然在建筑上它并没有多大作用，可是在古建筑中，设置门槛儿却是必不可少的一个环节。虽然只是门框下面的一块木条，却能给人已入家门的感觉，那是一种安全、踏实的感觉。如今的北京故宫，有些门却没有门槛儿。

▼ 末代皇帝溥仪

这件事与我国最后一个皇帝爱新觉罗·溥仪有关。辛亥革命之后，封建王朝被推翻了，但溥仪却仍然居住在皇宫里，此时身在深宫大院里的溥仪，也开始逐渐接受一些西方的新事物。当时一个老臣从洋人那里弄来一辆自行车，溥仪对它爱不释手，每天都要骑着这辆自行车在宫里转悠。他还教会了当时的皇后婉容骑自行车，俩人有事没事就骑着车在宫里转。

可是，骑着骑着，溥仪就发现了一个不方便的地方，紫禁城里的门口太多，每个门口按照中国古建筑的设计，都有一个门槛儿，且门槛儿还格外高。每次遇到这种情况，他们总要下车，把车子搬过去再骑。时间长了溥仪觉得非常费

其他建筑

事,为了方便自己骑车,他决定锯掉这些"碍事"的门槛儿,宫里一些人反对,认为这是破坏风水。最终溥仪还是下令锯了门槛儿,于是故宫里的一部分门槛儿就这样没有了。

在我国古代,人们对礼仪的要求是非常高的,内外之分要求严格。房屋加门槛,是属于门口的关栏,可将地气拦截于屋内,不让其逸去。如果门外见到低下去的楼梯,门槛就要加高。否则,地气外逸,从家居风水来说,属于"不聚财"。因此,门槛儿的设置,其实就是给大门设置了一道看不见的墙,把内外分出来,把一些不好的污秽东西都挡在外面,不让进入家中。如果门前被直路相冲,就需要化解,方法就是在门口上做门槛,门槛下面加一套五帝古钱①,这样煞气便能化解。

①五帝古钱是指在清代流通的顺治帝、康熙帝、雍正帝、乾隆帝、嘉庆帝时期的古钱。在民间,传说这五个皇帝时期的铜钱币组合在一起能起到避邪的作用。

▲ 天一阁门口长长的门槛儿

门槛儿设置在家门口,给人一种里外有别的感觉,进入门槛儿内,就是到家了。关于门槛儿,古人认为只能坐不能踩,如果踩了是非常不吉利的。门槛儿的种类大致分为两种:一个是不能活动的,一个是可以自由活动的。其中,能够自由活动的这一种,一般只在大户人家才有,因为马车要进入庭院内,有了能活动的门槛儿,相对来说就方便多了。如果有客人拜访后要离开,主人是必须送出门外的,这个门外就是门槛儿之外,如果不送出去,显得不礼貌。现如今,门槛儿在建筑中已经不常见了,只能在中国的古建筑中才能寻觅到它的踪迹。

随着社会的发展,如今的"门槛儿"已作为一个可视而又寓意深广的象征符号。它逐渐引申出了其他的意义层面,有门口、关口、挡财气之意,如人们遇到某些难事时就称是遇到了一道"槛儿"。

● 古代寻常百姓家的大门为何都是黑色的?

门是中国古代建筑中非常重要的一个组成部分,它是人们出入的通道。在我国古代,老百姓的大门大多都是黑色的,基本上不会出现其他颜色,这究竟是为什么呢?

其实,从封建社会来看,这是由等级森严的社会制度决定的,黄色为皇家专用,只有皇帝才能享用,红色相对比较鲜艳,在皇官大门中才能见到。唐代时高官重臣的府第大门是用黄色。明初年代,朱元璋对于大门的漆色,有了更明确的规定:庶民所居房舍"不过三间五架,不许用斗栱及彩色妆饰"。平常百姓家,如果谁家颜色用错了,就等于犯了大忌,是要受到惩罚的。因此,古时黑色大门很普遍,黑色成为非官宦人家的门色。

QI TA JIAN ZHU
其他建筑

99 古代建筑中"五脊六兽"是什么意思？

我国古代建筑中，基本的构造有梁、椽、柱、脊等。起脊的硬山式、起脊的悬山式和庑殿式建筑有五条脊，分别为一条正脊和四条垂脊。其中最顶上的水平方向的脊为正脊，四面坡相交地方的脊为垂脊。在正脊的两端，有一对吞兽，又称为"龙吻"，而在垂脊上，则蹲着五个蹲兽，它们被称为"五脊六兽"。

在中国古代的一些大型建筑上，"五脊六兽"是必备的，它是镇脊之神兽：有祈吉祥、装饰美的功能。除此之外，它还有保护建筑构造的作用。古建筑为木结构，以兽镇脊，避火消灾；于两坡瓦垅交汇点，以吞兽严密封固，防止雨水渗漏，既收装饰美，又收护脊之实效。这些神兽形象各异，龙吻张开巨口吞脊，民间还流传着一段龙王之子争夺王位的传说。

传说，龙有九子，而建筑上的吞兽是其第九个儿子。当时为了争夺皇位，龙王的儿子决定比试一下，他们商量来商量去，最终找到了一个比较好的办法，那就是皇子中谁能够吞下屋脊，谁就可以登上皇位，于是开始了比试。龙王的第九个儿子非常

▲ 北京故宫太和殿屋脊

实诚，它上来就张开了嘴巴，一口咬住了脊梁。可没想到的是就在此时，另外一位皇子用剑狠狠地刺向了他，九皇子被刺死了。就这样，屋脊之上留下了吞兽口咬屋脊的形象。

的确，这吞兽的设计别具一格。古人在设计建筑时是有其独特构想的：取其名字为吞兽，一个原因是说它的嘴比较大，寓意保住房屋，使其稳固不倒，能够万年长存；另外，由于是龙子，因此能招来雨水。古代的房子都是木建筑结构，最怕的就是火，因为水火相克，正好能够镇住火患。这应该是古人在设计上的主要寓意。其实，吞兽所起到的严密封固、防止雨水渗漏到屋内的作用却更为明显，既美观又有实际作用。这种设计理念是中国古建筑中务实的基本表现，一切都为建筑本身服务。

"五脊六兽"中的五个蹲兽分别是：狻猊、斗牛、獬豸、凤、狎鱼。这些也都是一些神兽，造型各异，但却非常的精美。垂脊上的这些镇宅之宝，数量也并不是固定的，他们根据不同的等级地位而有相应的变化。例如故宫的太和殿上，神兽就达到了十个之多，这在古建筑中数量是最多的。在古代，律法森严。"五脊六兽"的这个数目也是有等级的，数目一般是单数一、三、五、七、九。一般使用的是三、五、七，只在故宫的保和殿、太和殿、中和殿采用的是九兽。后来，清王朝入主太和殿，为了显示新王朝的气派，在太和殿的屋脊上增加了一兽，成为十兽，这是中国古建筑唯一的。太和殿的十兽分别是：龙、凤、狮、海马、天马、狎鱼、狻猊、獬豸、斗牛、行什。

▼ 垂脊

其他建筑

中国古代建筑的屋顶形式纷繁复杂，这些镇宅神兽安置在屋顶上，其屋顶的设计形态也不尽相同。五脊六兽所说的建筑形式一般是硬山式建筑。一般老百姓家所用的建筑形式多为卷棚式，而不是起脊式的，一是起脊的建筑需要主人有相应的身份和权利，二是造价昂贵。因此，普通老百姓家的建筑只能是两条排山脊。庑殿式建筑是中国等级最高的建筑，只有拥有最至高无上皇权的皇家才能使用。因此所说的"五脊六兽"式的建筑要么是皇家和达官贵人用，要么是家财万贯的人用。

延伸阅读

● 垂脊灵兽前为何还有一个"领头人"？

在我国古建筑中，有一些垂脊灵兽前面还有一个领头人，它被称为"骑凤仙人"。这里还有一个传说：春秋战国时期，齐国国君齐湣王在一次作战中大败，被敌人一路追到了江边，这个时候前无去路，后有追兵，已经是无路可逃了。正在危急关头，天空中突然飞来一只彩色凤凰，带着齐湣王飞过了大江，使他逢凶化吉。古人把骑凤仙人放在灵兽的前面，也表示骑凤飞行，逢凶化吉的良好意愿。

100 牌坊最早的功能是作为祭天而存在的吗？

北京有东单、西单、东四、西四，这是几处热闹的商业区，都因曾有过牌坊而得名。牌坊，因为其高耸飞檐，如同楼台一样，所以又被称为"牌楼"，它是我国古代建筑中极为重要的一种类型，大多是用木、石、琉璃等材料建筑而成。随着历史的演变，牌楼已成为中国一个独特的文化现象。

牌坊最早是由棂星门衍变而来的。棂星是二十八星宿中的一个，本来称灵星，即天田星，也就是人们常说的"文星"。汉高祖刘邦做了皇帝后，为了风调雨顺，百姓安乐，下令祭祀灵星作为祭天的头等要事。到了宋代时，儒家把孔子与天相配，所以在孔庙和儒学中，也把祭祀孔子当作祭天，都建筑了棂星门用以祭祀时使用。棂星门是起一个门的作用，因此说，牌坊最早的功能是作为祭天而存在的。后来，棂星门的建造模式不断变化，逐渐演变成后来的牌坊。

▼ 顺治孝陵石牌

其他建筑

牌坊最早的建造非常简单,从结构上来说类似于原来的"衡木",两根竖着的柱子加上一根横着的梁,如同一个非常简单的门。后来,经过逐步发展,其意义也在不停变化,慢慢地形成了如今的形式。从建筑形式上分,牌楼只有两类。一类叫"冲天式",也叫"柱出头"式,顾名思义,这类牌楼的间柱是高出明楼楼顶的。另一类是"不出头"式,这类牌楼的最高峰是明楼的正脊。无论柱出头或不出头,均有"一间二柱""三间四柱""五间六柱"等形式。

牌坊滥觞于汉阙,成熟于唐、宋,至明、清登峰造极,并从实用衍化为一种纪念碑式的建筑,被极广泛地用于旌表功德标榜荣耀,不仅置于孔庙、郊坛,还用于庙宇、宫殿、陵墓、祠堂、交叉口、衙署和园林前及主要街道的起点、桥梁等处,景观性也很强,起到点题、借景、框景等效果。纵观中国牌坊,都有一个非常显著的特征,那就是常在牌坊的两边望柱上端,髹黑漆用以防腐。因此,牌坊又被称为乌头门或棂星门,是中华民族特有的一种标志和纪念性建筑。

▲ 老照片中的北京牌楼

牌坊的建造十分讲究,在等级制度森严的封建社会,立牌坊是一件极为隆重的事,并不是谁都可以立的。那么牌坊什么情况才允许建造呢?从出资方面分类,大体分为三种情况:第一种是御赐,也就是皇帝下诏修建,是属于国家拿钱的那种;第二种是恩荣,这也是皇帝下诏,不过却是地方政府付钱修建;第三种是由个人提出申请,经皇帝批准后,自己掏钱进行修建。因此在当时来说,如果一个人能获得皇帝降旨建造牌坊,那对这个人、这个家族乃至这个地方来说,都是一种至高无上、无与伦比的殊荣。

具体到地方的牌楼上，每个地方的牌楼又都有各自的特点。例如北京，作为曾经明清时期的都城，它的牌楼是最多的，牌楼也因此成为古都风貌的一个特征，成为北京古城街道的独特景观。据统计，北京现留存的明清时期的牌楼有六十五座，有琉璃牌楼、木牌楼、石牌楼等各种样式。其中一些牌楼是非常经典的，例如颐和园东门前面的牌楼，已有二百多年的历史，是一个三间四柱七楼式样的牌楼。牌楼上的彩绘非常美丽，绘有金龙一百七十六条、金凤三十六条，显示了帝王所居琼楼玉宇的富丽堂皇，这个牌楼也因此成为了颐和园的标志。

牌楼作为一种有特色的古代建筑，在中国各地都有很多，像徽州的牌楼就非常多，因此它被称为"牌楼之乡"。随着时光的流逝，许多牌楼已不存在，但有些牌楼由于历史悠久，至今地名和遗址犹存。

● 牌坊上的图案花纹有何文化内涵和象征意义？

古代牌坊就其建造意图来说，可分为四类。一是功德牌坊，为某人记德记功。二是贞节牌坊，多表彰烈女节妇。三是标志科举成就的，多为家族牌坊，为光宗耀祖之用。四类为标志坊，多立于街道路口与交叉口。

除去封建伦理象征的本质，从古建艺术方面考虑，牌坊无疑凝聚了中国古典建筑的精华艺术。它不只是起着一个点缀装饰的作用，其中还蕴涵着深刻文化内涵。牌坊上雕刻的各种图案花纹，都有其丰富的内涵和象征意义。

例如龙凤：龙作为封建社会中至高无上的皇帝的象征，凤用来作为高贵的皇后的象征。

蝙蝠：因"蝠"与"福"谐音，因而成为好运气和幸福的象征，五只蝙蝠组成图案雕绘在牌坊上，以象征健康、长寿、平安、富裕、人丁兴旺及子孙满堂等五种天赐之福。

鹿：与"禄"字谐音，以象征升官晋爵、高官厚禄。

鱼：与"余"谐音，常与莲花、水塘组成图案，以象征金玉（鱼）满堂或连（莲）年有余。

此外，牌坊上还绘有龟、鹤、松、牡丹、麒麟、如意等具有象征意义的动物、花卉和器物等，表达幸福、长寿、吉祥、如意、健康等丰富内涵。